KB174891

INDUSTRY

5.0

인더스트리 5.0

자동차산업의 미래를 그리다

인더스트리 5.0

자동차산업의 미래를 그리다

초판인쇄 2018년 4월 30일
초판발행 2018년 4월 30일

지은이 김경환, 서동근
펴낸이 채종준
기 획 이아연
디자인 홍은표
마케팅 송대호

펴낸곳 한국학술정보(주)
주 소 경기도 파주시 회동길 230(문발동)
전 화 031-908-3181(대표)
팩 스 031-908-3189
홈페이지 http://ebook.kstudy.com
E-mail 출판사업부 publish@kstudy.com
등 록 제일산-115호(2000. 6. 19)

ISBN 978-89-268-8386-0 03550

책에 대한 더 나은 생각, 끊임없는 고민, 독자를 생각하는 마음으로 보다 좋은 책을 만들어갑니다.

인더스트리 5.0

자동차산업의 미래를 그리다

커스텀 자동차, 자동차 튜닝, 자동차 디자인

김경환 · 서동근 지음

자동차산업의 변천

과거부터 기술발전의 목표는 생산자 중심의 기술혁신이었고, 마침내 인공지능을 통한 스마트 팩토리로 발전, 이는 인더스트리 4.0의 핵심이 되고 있습니다. 그러나 이러한 기술의 발전도 생산 자체가 지닌 본연의 순수성인 사용자의 수요를 고려한 공급이라는 본질에 부합하지 않는다면 그 의미 또한 퇴색하게 될 것입니다. 따라서 인더스트리 5.0은 기술혁신의 목표를 인본주의적 산업의 르네상스의 부활인 인간 중심 디자인의 시대로의 회귀를 말합니다. 즉 산업화 시대의 기술 중심주의가 인더스트리 4.0이라는 간판을 내걸고 인간이 수용할 수 있는 한계를 뛰어넘어 너무 빨리 달려나가고 있는데요, 이제는 누구를 위한 산업화였으며, 누구를 위한 스마트 팩토리였는지 그 본질을 되짚어 산업의 주체로서 인간의 제자리를 찾기 위한 성숙한 산업화가 되어야 한다는 얘깁니다. 산업의 주인은 인간이었고 기술은 도구였던 것입니다. 기술 자체만이 목적은 아니었던 거지요.

사용자 중심 디자인은 사용자의 기호를 제품 디자인에 반영하고자 하는 것을 말하며 이것은 다양한 분야에서 오픈디자인으로 발전하고 있습니다. 대량생산 체제는 이미 포화상태에 이르렀습니다. 다양한 소비시장을 충족시켜줄 다품종 소량생산 체제가 일반화되는 시점에서 한발 더 나아가, 소비자 스스로 제품을 완성할 수 있도록 하는 오픈디자인은 자동차 디자인 영역에도 이미 도래하고 있습니다. 그러한 점에서 인더스트리 5.0이 추구하고자 하는 자동차 디자인은 사용자 개개인의 용도와 기호에 맞춘 인간 중심 디자인으로, 튜닝과 커스텀 메이드 자동차가 그 대안이 될 수 있을 것입니다.

포디즘으로 인해 대량생산 체제의 자동차산업이 자동차 가격을 일반화 · 현실화하는 데까지는 공헌했지만, 그로 인한 획일화된 디자인에 대한 불만족은 반세기 넘게 꾸준히 제기되어 왔습니다. 이것은 자동차 수요의 1차 목표인 '소유'가 이미 해결된 기존의 시장에서 살아남고자 해마다 새로운 기술과 디자인으로 기존 소비자에게 어필하려는 또 다른 양산품을 만드는 노력 정도만으로는 불충분하기 때문입니다.

이러한 상황에서 개개인의 개성은 더욱 뚜렷해지고 뛰어난 정보력까지 갖추게 된 스마트한 소비자 스스로가 디자인 결정자로서 튜닝 디자인에 관심을 가지는 것은 너무도 당연한 결과일 것입니다. 자동차 소비시장의 튜닝 문화를 편견 없이 받아들이기 위해서는 많은 것들이 긍정적 방향으로 활성화되고 안전한 방향으로 발전할 수 있도록 검토되어야 합니다. 따라서 튜닝과 수제자동차 선진국들의 한발 앞선 기술과 디자인을 알아보고 우리의 현주소를 직시해야 합니다.

자동차산업의 기술은 세계적으로 일정 수준 평준화되고 있습니다. 그리고 이제 우리는 보다 먼 미래를 내다보아야 하는 시점에 와있습니다. 인더스트리 5.0 시대를 맞이한 지금은 여태까지 해오던 자동차산업의 생산형태에 변화가 필요한 시기입니다. 우리는 이 책을 통해 미래를 정확히, 진실 되게 예측해보고자 합니다. 자동차산업의 기술적, 시대적 변화는 우리에게 어쩌면 새로운 가능성과 기회가 될지도 모릅니다. 지금 준비하지 않으면 잡을 수 있는 기회가 적어질지도 모릅니다.

인더스트리 1.0에서 5.0까지

세계의 산업은 1700년대 이후부터 눈부신 발전을 거듭해왔습니다. 디자인 또한 마찬가지입니다. 동력의 발명으로 산업은 힘을 얻었고 전기제어 장치로 지능적인 자동화 프로세스를 만들기도 했습니다. 또한, 진공관은 트랜지스터로 대체되었고 필름이나 카세트테이프는 반도체로, 집 전화와 카메라 그리고 컴퓨터는 스마트폰으로 하나가 되었습니다. 특히 우리가 매일 사용하는 자동차는 전자산업의 눈부신 발전 속에서, 과거의 기계식 수동조작 유닛들이 전자제어 유닛들로 대체되었고 소프트웨어에 설계한 규칙대로 엔진을 컴퓨터로 제어하게 되었습니다. 나아가 각종 운전보조 장치와 여러 종류의 센서들이 가

세하여 자율주행차가 등장하는 세상이 되어갑니다. 스마트폰이 멀티미디어를 통합했듯이 앞으로는 커넥티드 자동차가 우리의 라이프 스타일을 통합하는 새로운 디바이스가 될지도 모릅니다. 인공지능, 사물인터넷, 빅데이터, 협업 로봇, 3D프린터, 증강현실, 나노엔지니어링, 생명공학, 가상물리시스템 등 바야흐로 새로운 가치와 사업 창출이 필요한 시대입니다.

1차 산업혁명은 18세기 동력의 발명과 함께 기계화 혁명으로, 2차 산업혁명은 20세기 초반 전기에너지와 자동화를 통한 대량생산 혁명으로, 3차 산업혁명은 20세기 후반 반도체, 인터넷을 통한 정보화의 혁명이었다면 4차 산업혁명은 오늘날의 IT 네트워크 기술을 통한 상상력과 아이디어에 의한 디자인의 융합을 나타내기도 합니다. 쉽게 말해 각자의 영역에서 나름대로 발전해오던 여러 가지 기술들을 통합하여 매 시대마다 달라지는 신제품을 만들어왔던 것입니다. 자동차 분야에는 1908년 포드의 모델 T가 컨베이어 방식 대량생산에 성공하면서부터 산업화의 큰 전환점을 맞았습니다. 그로부터 불과 10년 만에 1천 5백만 대를 생산해냈기 때문입니다. 그 사건은 부유층의

포드 모델T 공장 초기의 풍경

전유물이었던 자동차를 일반 서민들도 살 수 있는 물건으로 바꾼 일종의 혁신이었습니다. 포드는 자동차를 섀시와 바디로 정의하고, 1층에는 섀시라인을, 2층에는 바디라인을 구성했습니다. 이런 병렬 생산라인은 라인의 끝에서 섀시와 바디가 만나 하나의 차를 완성하여 검사와 유통을 거쳐 판매되었습니다. 자동차 대량생산 시대의 개막이었던 셈입니다.

1936년의 영화 〈모던타임즈〉에서는 급격한 산업화 시스템의 노예가 되어가는 인간의 상실을 경고했습니다. 인류의 역사에서 실력이 부족하면 조직에 해로운 존재가 되고 비난받는 악습은 아마도 저 시기에 더욱 가속되었을 것입니다. 저 때가 인류의 산업화가 자동화 시스템에 대한 꿈을 꾸면서 인더스트리 2.0, 즉 대량생산 시대를 한창 달리던 시기였습니다. 포드자동차뿐만 아니라

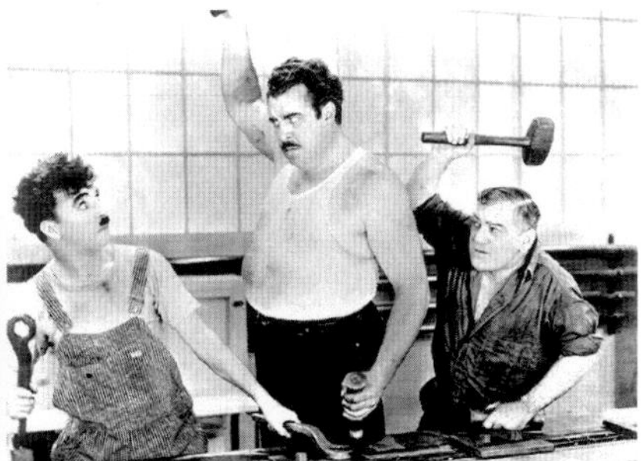

영화 〈모던타임즈〉의 한 장면

제너럴모터스, 쉐보레, 캐딜락, 폰티악, 올즈모빌 등 수많은 자동차회사들이 미국이라는 거대한 수요에 자동차를 공급했고, 유럽에서는 몇몇 고급 자동차 시장을 제외하고는, 표준형 대량생산 국민차들이 큰 인기를 얻었습니다. 독일의 폭스바겐, 이탈리아의 피아트, 영국의 미니, 프랑스의 시트로엥 등을 예로 들 수 있습니다. 이후로도 자동차산업은 인건비가 낮은 일본과 한국으로 유입되어 더 저렴한 자동차가 대량생산되었습니다.

1980년대까지도 자동차산업은 양적 팽창을 거듭했습니다. 생산량이 점점 많아지면서 대량생산에 따른 원가를 절감하기 위해 설계를 표준화했고 조립 단위를 통합하여 모듈화했으며, 개발 프로세스에 체계를 잡아 나가고 있었습니다. 이윽고 생산 기계가 컴퓨터에 의해 컨트롤되기 시작하면서 기계로 대체 가능한 파트들부터 단계적으로 자동화 시스템이 도입되기 시작했습니다. 자동화의 물결이 일기 시작한 셈입니다. 결국, 공장은 사람 대신 기계를 사용하기 시작했으며, 기계로 대체 가능한 직종의 종사자들은 자의 반, 타의 반으로 공장을 떠나야 했습니다. 공장 자동화 시스템 도입은 우연

자동화된 생산라인 ▲ 노동자가 사라지고 로봇으로 대체되었다.

이 아닌 필연이었습니다. 로봇들의 단순반복작업은 사람보다 뛰어났으며, 전산관리 프로그램의 자료처리 능력도 사람보다 정확했습니다. 여기까지가 자동차 인더스트리 3.0입니다. 그리고 1990년대를 전후로 컴퓨터가 소형화되고 저렴해지면서 체계화된 전산관리 시스템은 광통신 인터넷을 만나게 됩니다.

인터넷을 통해 도면을 주고받으면서 컴퓨터 데이터로 생산 기계에 치수를 바로 입력하였고, 지게차 운전기사 대신 무인운반차들이 물자를 실어 나르기 시작했습니다. 공정간 물류부터 생산 물류까지 전 공정에서 사람들 대신 전용 기계들과 로봇들이 일하기 시작했습니다. 사무실에 앉아 전화로 설명하는 사람들 대신 네트워크를 통해 데이터를 공유하는 방식으로 일의 성격이 바뀌었으며, 사무실에서는 종이가 사라지고 책상마저 서서히 사라져가고 있습니다. 오늘날의 자동차산업에서는 빅데이터를 통해 설계의 알고리즘을 구현하고 있으며, 모든 부품의 생산이력이 조회되는 사물인터넷을 일찌감치 도입했습니다. 과거엔 인간의 노동력을 기계가 대체했다면 이제는 생산관리도 컴퓨터 프로그램이 대신하는 세상이 되어가고 있습니다. 이것을 인더스트리 4.0이라 부릅니다. 자동차공업이 발달한 독일과 일본에서 인더스트리 4.0에 대한 노하우를 비교적 많이 가지고 있습니다.

우리는 80년 전 영화에서 묘사되었던, 산업화 된 도시를 떠나는 노동자의 뒷모습에서 인더스트리 5.0의 미래를 발견할 수 있습니다. 근면 성실하게 기계적으로 일하며 생산라인의 한 파트로서 존재하는 인간은 이제 어디서도 찾아볼 수 없는 세상이 되어갑니다.

영화 〈모던타임즈〉의 한 장면

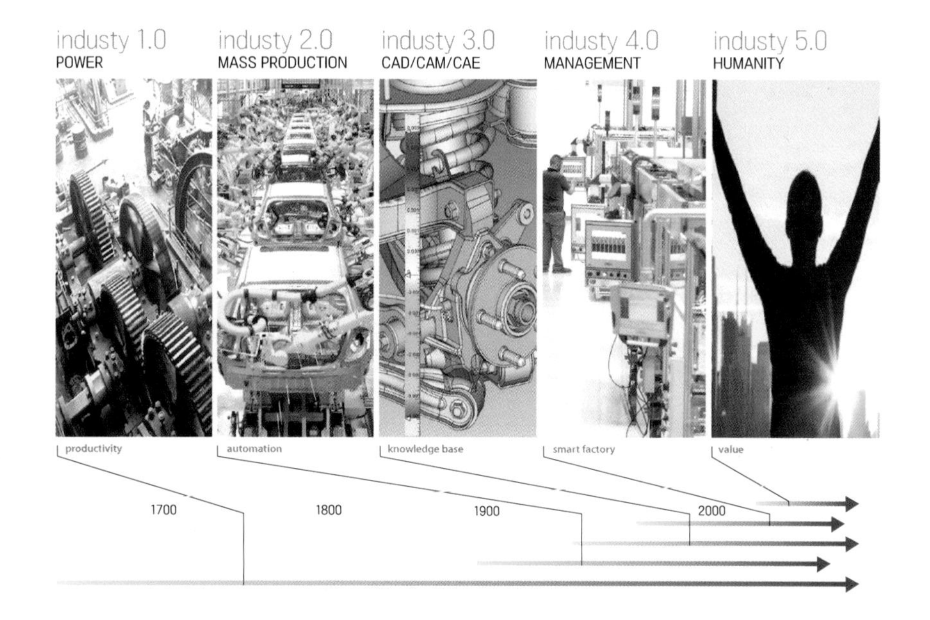

1700년대 동력의 발명은 산업의 양상을 크게 변화시켰습니다. 인력이나 동물의 힘으로 움직이던 기계들이 새로운 동력을 얻었던 시기였기 때문입니다. 기계화는 1800년대 들어 전기가 활용되고 전동모터가 발달하면서 공장은 도심 외곽에서 아예 도시 중앙으로 이동하고, 공장을 중심으로 신생 산업도시들이 형성되기까지 했었는데, 초기의 이러한 지칠 줄 모르는 기계의 힘으로 산업생산은 급격한 양적 팽창을 이루었습니다. 이러한 양적 팽창에 뒤이어 컴퓨터의 활용으로 도면 및 설계 생산 자료들을 전산관리 하면서 인류의 산업 시스템은 부분적으로나마 반복적인 작업을 묶어 단위별 자동화를 구현하기 시작했습니다. 그리고 생산 자동화의 주역이었던 CAD/CAM[1]은 점차 CAE/VR[2]로 발달하면서 단순히 도면을 복제하거나 반복적인 시퀀스를 제어하던 초보적 단계에서 벗어나 가상공간에서의 가상제작 및 모의작동 프로세스를 거쳐 단계적으로 실제 생산라인에 적용되기 시작했습니다. 오늘날은 투입되는 재료의 관리와 공정별 생산품질 검사 및 최종 소비자로부터의 피드백에 이르기까지 전 공정이 통합 관리되고 있습니다. 물론 지금도 재래식 시설을 갖춰놓고 인간의 노동력에 의존한 공장들도 존재하고 있습니다. 그러나 비교적 앞서가

1) Computer Aided Drafting drawing design, Computer Aided Manufacturing: 컴퓨터응용디자인 기술은 초기에 도면을 그리는 정도의 수준에서 아이디어를 구체화하는 가상 모델링의 수준으로 발달하여 그 가상설계 데이터를 생산 데이터로 직접 활용하였습니다.

2) Computer Aided Engineering / Virtual Reality: 실제 제작 전에 가상설계와 가상제작을 해봄으로써 비용의 낭비를 줄이는 기술.

는 사업체의 공장들이 갖추고 있는 자동화 생산라인들은 일찌감치 IoT의 개념을 도입하여 부품단위 생산정보 추적시스템을 도입하였고, 생산관리, 원가분석 및 공정설계에 산업생산 데이터를 두루 활용하고 있었습니다. 또한 기업의 개발실에서는 소비자들의 다양한 의견을 모은 빅데이터를 실시간으로 분석해 설계 데이터에 반영하여 제품 개발 프로세스를 단축하는 등의 노력을 하고 있습니다. 언론의 호도 속에 마치 새로운 이슈라도 되는 것처럼 조명되고 있는 인더스트리 4.0은 사실상 조금은 오래된 이야기입니다.

컴퓨터와 네트워크 데이터관리 시스템을 산업에 도입하면서부터 산업생산과 유통 시스템 지능화의 물결은 대량생산라인에서 생산되는 제품모델을 능동적으로 변경 및 교체할 수 있도록 만들었고, 수십 년 전부터 이미 하나의 라인에서 유사한 다른 차종들을 혼류 생산하는 것도 자연스러워졌습니다. 이런 것들은 1990년대부터 구체화 되어 2020년대를 향하고 있는 현재까지 실무에서 논의 및 적용되고 있는 이슈였습니다. 요약해서 말하자면 인더스트리 4.0은 요즘 유행하는 3D프린터나 빅데이터 등을 활용한 CALS[3)]와 자동화 시스템의 통합을 조금 더 능동적으로 구현하는 기술에 불과합니다.

---

3) CALS(Commerce at Light Speed(생산 · 조달 · 운용 지원 종합 정보시스템)): 제품의 설계 · 부품(부재)조달 · 생산 · 유통의 전(全) 사이클을 전자적으로 관리하는 종합 시스템. 초창기에는 Computer Aided Logistics System의 개념으로 시작.

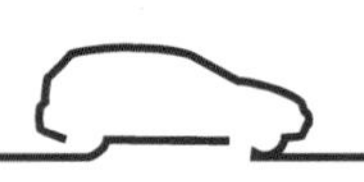

사실 지금은 인더스트리 5.0을 준비해야 하는 시대입니다. 그것은 산업화의 매스 프로덕션이나 자동화를 통한 인간성 상실을 치유하는 새로운 인더스트리얼 르네상스(본질로 돌아가 산업의 근본에 대한 반성)가 될 것입니다. 얼핏 보기에는 소량생산 수공예 디자인의 미래형 버전으로 오해할 수도 있겠지만, 지금까지 발달해온 인더스트리얼 혁명들을 그대로 활용하면서 현재 우리가 상실해가고 있는 인간 본연의 의미를 되찾는 노력으로 해석할 수 있습니다. '산업이 먼저냐 인간이 먼저냐'라는 질문에 대한 너무나도 당연한 대답인 인간 중심의 사고방식이 산업화 역사 300년 만에 제 자리를 찾게 되는 것이지요. 인더스트리 5.0은 기업 중심의 수익구조와 생산성이나 효율 중심에서 소외되었던 인간성을 회복하는 새로운 산업혁명입니다. 산업의 형태는 인간의 능력이 생산에서 소외되는 것이 아닌 인간과 기계의 협업을 바탕으로 하여 CNC[4]나 COBOT[5] 같은 장비들을 다품종소량생산기술에 적극 활용함으로써 현재의 인더스트리 4.0은 자연스럽게 5.0과 손을 잡게 될 것입니다. 앞으로는 한 공장에서 한 가지 모델이 수십만 대씩 생산되고 거래되는 시대가 아닌 소비자의 개별적 니즈에 부합하는 제각각의 상품들이 주문생산되는 고도의 혼류생

4) Computer Numerical Controller(전산응용수치제어기): 컴퓨터그래픽의 모델링 데이터로부터 성형코드 패턴을 부여받아 밀링이나 선반 다축성형기 등의 x, y, z축 방향 성형데이터를 제어하는 조각기계류. 오늘날엔 밴딩머신이나 판금성형기 등 거의 모든 자동화된 성형기계들은 3D 설계데이터를 이용하여 제어됨.

5) Collaborative Robot(협업 로봇): 인간의 장점과 로봇의 장점을 살려 로봇의 작업을 인간이 돕는 방식 또는 인간의 작업을 로봇이 돕는 방식으로 인간과 로봇이 함께 일하도록 세팅된 로봇.

산 시스템이 도입될 것입니다. 유저의 요구사항과 공장의 생산능력 그리고 과학적 타당성을 두루 통합하여 맞춤 설계해주는 신종 직업들도 생길 것이고 디자인업계 또한 지금처럼 시대와 유행에 편승하는 게 아닌 새로운 바람이 불게 될 것입니다. 따라서 미래의 인재상은 앞만 보고 달리며 기계적으로 일하기보다는 주변을 살필 줄 알고, 능동적으로 상황에 대처하며, 체계적으로 문제를 처리해 산업을 통섭하는 인재여야 할 것입니다.

1970년대를 기점으로 양적 성장에 편중된 일변도의 산업에 너무 익숙해져 있던 우리나라 기업들은 현실적으로 돈벌이를 위한 산업혁명에만 지나치게 관심을 가져 왔습니다. 그런 경향은 지금도 크게 달라지지 않았습니다. 고용비용이 높은 사람들을 운영비가 적게 드는 기계로 대체하는 것을 시스템의 자동화, 즉 인더스트리 4.0으로 잘못 이해하는 기업들이 많습니다. 과거 경제 성장기 이후 최근의 수십여 년 동안 대부분의 기업들이 화이트칼라의 일자리는 사무자동화로, 블루칼라의 일자리는 생산자동화로 대체해왔습니다. 사람의 일자리를 기계로 대체하면서 100% 자동화를 지향했던 것이지요. 하지만 그 끝에는 사람을 무시해왔던 대가가 기다리고 있을지도 모릅니다. 소득의 분배와 균형이 제대로 이루어졌는지 의문이 들긴 하지만, 언론 매스컴이 불경기라고 외치는 지금도 우리나라의 국가산업경제는 계속 흑자를 내고 있습니다. 과포화된 산업의 밀도로 인해 성장률이 조금 더딜 뿐입니다.

물론 정확도와 지속력이 기계에 비해 부족한 인간을 전용 시스템 머신들로 대체하는 것은 거역할 수 없는 세상의 흐름이겠지만, 정책적으로나 장기적 안목을 가지고 인더스트리 4.0을 도입했더라면 하는 아쉬움이 있습니다. 급속한 자동화와 정보화의 순기능을 도입하면서도 고용과 소득이 안정된 사회를 유지할 수 있는 문제였는데 말이죠. 해방과 한국전쟁 이후 우리나라의 정치와 경제는 너무 지나치게 효율과 성장에만 관심을 가졌던 것으로 보입니다.

100여 년 전 포드자동차는 분업화된 연속 흐름 생산방식의 효율성을 강조했고, 최근 수십 년 동안의 도요타자동차는 품질관리와 시간 관리를 중시해왔습니다. 반면에 우리나라 자동차회사들의 생산방식은 '비용'을 중시했습니다. 그런데 그 방식이 부품납품 협력업체의 직원들을 이용한 무료 조립이었던 것입니다. 또한 부품 납품가격을 최저가로 낙찰받는 다양한 협상기술을 사용해왔습니다. 그리하여 완성차 업체들은 이미 수십 년 전부터 낮은 부품구매가격에 끼워 넣기식 출장 조립 형식의 생산시스템을 구현하여 완성차 업체인 대기업은 사실상 비정규직 파견 근로자들을 통해 자동화 아닌 자동조립을 무료로 구현했었습니다. 물론, 일부 물류 구간이나 철판 프레스 공정 및 용접 · 도장 공정은 사람의 힘보다는 기계화 및 자동화하는 게 당연했고, 실제로도 그런 구간부터 자동화 및 전산관리 시스템이 도입되었습니다. 그러나 결과적으로 우리나라는 하청업체 비정규직 근로자 편법이용 조립라인의 폐해로 인한 사회

문제가 점점 불거지는 결과를 낳게 되었습니다. 이러한 구조적 문제는 국내 중소기업들 대부분이 자생력이 부족해 대기업 납품에 의존하는 상태라 대기업이 도산하면 같이 줄도산하는 형태의 구조를 가지기 때문에 개혁도 어렵습니다. 게다가 우리의 국가시스템은 항상 대기업 위주의 정책을 세워왔습니다. 그 와중에 우리나라 대부분의 기업들은 인더스트리 4.0이라는 미명 아래 전기만 공급하면 베어링이 닳도록 묵묵히 일하는 로봇을 생산라인에 투입하는 노력을 수십 년째 적극 추진 중입니다. 컴퓨터 사무자동화를 통해 관리직의 일자리를, 자동화 기계들을 통해 생산 노동자의 일자리를 단계적으로 줄여왔고, 기업의 이윤은 반대급부로 늘려왔습니다.

비싸서 쉽게 엄두를 못냈던 외제차들 사이에 애국심 마케팅으로 50년을 성장해왔던 국산자동차들은 꾸준한 벤치마킹으로 이제는 기능, 성능, 품질이 두루 좋아지긴 했습니다. 하지만 이제 전환점에 와 있습니다. 국산 자동차나 외제 자동차나 가격 차이가 별로 없으며 오히려 국산차보다 더 값싼 외제차들도 많습니다. 이제 우리나라도 ALPINA, AMG, MAYBACH 같은 외국 회사들처럼 남의 자동차에 자사 로고를 새겨 파는 정도까지는 아니더라도 국내의 중소 자동차부품 업체들도 뭔가 잘하는 게 있으면 국가 시스템이나 대기업들이 도움을 주는 공생관계가 만들어져야 할 시기입니다. 대기업들이 중소업체를 도와 더불어 같이 성장할 수 있는 거시적 안목의 기업정신이 아쉬운 시대입니다.

목차

I

자동차산업의 다양성

오늘날의 자동차생산업체는 수십만 대 이상의 대량생산을 목적으로 공장 설계가 이루어지고 공정관리도 되어 있습니다. 자동차 대량생산 시대는 100년이 넘게 흘렀고, 차종도 다양해졌으나 시장의 수요는 그보다 더 다양한 것을 요구하고 있습니다. 하지만 대량생산 시스템은 규모의 경제이며 일괄생산 프로세스[6]를 거치기 때문에 한 차종 당 수천~수만 대 정도의 똑같은 자동차를 생산하는 계획을 짜게 됩니다. 모델변경 또한 개발비가 적게 드는 마이너 체인지를 주로 하기 때문에 모든 자동차의 수요를 대량생산 시스템에서 소화해낼 수는 없습니다.

이와 관련된 자연발생적 사업으로 자동차 튜닝이나 주문 제작 수제자

---

6) Batch Process라고도 하며 재료의 투입량과 생산유통량을 대규모로 할수록 이윤이 커지는 특징을 가집니다. 쉽게 말해서 만드는 김에 한꺼번에 많이 만드는 원리인데요, 생산원가를 절감하고, 물류시스템을 자동화하기에 용이합니다. 하지만 대량생산, 대량소비의 계획경제 시스템에서 표준화된 설계를 따르다 보니 개별적 니즈에 부합한 다양화는 어려운 생산체계입니다.

동차 사업은 양산자동차산업과 함께 공존해왔습니다. 현재 몇 가지 한정된 모델만으로 과잉 생산 · 유통되고 있는 자동차 시장에서 천편일률적인 자동차를 개조하거나 튜닝하는 사업이 병행 발달하고 있는 것입니다. 근 미래에는 하나의 대안으로 대기업의 대량생산 시스템에서도 제작 단계부터 소량생산 맞춤형 자동차가 일반화되는 것을 생각해볼 수도 있겠습니다. 오늘날 자동차 공장들의 혼류생산 시스템이 더욱 세분화되다 보면 단계적으로 양산자동차 생산 시설에서 구현되는 최종 소비자 개인별 커스터마이징 자동차의 출현도 가능해질 수 있습니다. 즉 공장출고 단계부터 차주가 원하는 기능, 성능, 그리고 스타일로 커스텀 제작하는 생산 시스템인거죠. 비유하자면 맞춤 양복집에서 옷을 맞춰 입듯이 차를 개인의 취향에 맞게 제작하는 것입니다.

한 가지 사례로 십여 년 전부터 피아트에서는 '피아트 500' 리뉴얼 버전을 생산하면서 신형 자동차를 출시할 때, 자동차의 옵션을 단순 조합만 해도 50만 종류가 나오도록 구성하여 주문을 받아 공급하고 있습니다. 비록 주로 데커레이션 파트들이지만 메이커에서 최종유저들의 개인적 취향에 맞추려는 노력을 보여주는 사례라고 할 수 있습니다. 가령 컴퓨터 레이싱 게임에서 자신의 출전 차량의 에어로파츠부터 시트, 스티어링 핸들, 휠, 타이어, 브레이크, 서스펜션과 외장 도색에 이르기까지 모든 것을 커스텀 하듯 온라인에서 가상조립하여 주문을 넣으면 공장에서는 실물을 그대로 생산 · 출하하는 역할을 하는 것입니다.

규모의 경제가 필요한, 예를 들면 배터리나 휠타이어, 엔진, 모터 등 개인 기업이나 소규모 업체가 직접 생산하기에는 곤란한 단위부품들은 호환이 가능한 모듈화 과정을 통해 패키지로 제공되어, 각종 중소규모 소량생산 자동차 제작업자들도 그 모듈을 활용할 수 있게 한다면 소규모 업체와 대규모 업체 간의 공생관계의 패러다임이 달라질 수도 있겠지요. 물론 타사와의 경쟁우위에 있는 부품까지 모두 표준 모듈화를 요구하는 건 아닙니다. 그런 것은 오히려 특화되어야 하고 경쟁을 통해 더욱 발달해야 하는 파트입니다.

다양한 종류의 옵션 조합을 제공하여 소비자의 개별적 니즈에 접근하는 피아트의 사례

자동차 디자인과 제작이라는 개념이 소비자가 원하는 최종의 형상을 상상하여 구조와 형태를 짜고 그 안에 기능과 성능을 조합하는 일이라

면, 디자인은 마치 교향악단의 지휘자와 같은 역할로서 연주 잘하는 악사들을 주어진 악보에서 정확하게 자기 역할을 하도록 지휘하는 일과도 같을 것입니다. 자동차 제작이라는 것은 품질 좋은 양산자동차회사의 단위 부품들을 조합하여 독자적인 작품을 창출하면 되는 문제니까요. 물론 최종 소비자가 자동차를 잘 알고 스스로 부품들을 조합하여 자신이 원하는 차를 만들어 "이렇게 해주세요"라고 말할 수 있는 경우는 드물 것입니다. 따라서 양산자동차회사의 제작 모델들은 개인 맞춤형 자동차 주문 코디네이터의 역할을 지금의 자동차 판매 대리점이 대신하고, 최종 완성품의 조립과 배달은 구매자가 원하는 곳에서 가장 가까운 제품 출하장에서 조립하여 판매하면 되는 문제겠지요. 그리고 그렇게 나온 차들에 대해 애프터마켓의 튜닝숍들이 수행하는 역할이 본격적으로 기대 되는 것입니다.

미래의 튜닝숍들은 애프터마켓에서 취급하는 기성품만을 주로 다루는 지금의 수준을 넘어 자동차의 세밀한 세팅을 도와주는 고도의 경험과 지식이 필요한 직종이 되어야 합니다. 지금 설명하는 이런 상황은 다품종 소량생산 시대에 대기업의 초대규모 자동차 물류센터 없이도 다양한 개별적 소비자의 니즈에 부합할 수 있는 새로운 생산유통 시스템으로 상상해본 시나리오입니다.

대기업이 다양한 제품의 수요를 예측하고, 생산계획을 세운 후 자동차를 만들어 대규모 물류 단지에 재고를 쌓아둔 채, 개별 소비자의 니즈에 맞춰 판매하기에는 물류비용과 재고 부담이 큽니다. 때문에, 자동차생산

업체들은 가장 많이 팔리는 몇몇 옵션을 조합한 소수의 차종만을 재고로 보유하고 있으며, 그 안에서 거래가 이루어지는 게 일반적인 상황입니다. 현재 대부분의 자동차생산업체들은 최종 유저가 요구하는 옵션이 공장의 양산 계획에 부합되지 않으면, 주문을 거부하거나 해당 옵션의 단위 생산 계획이 실현되고 장착될 때까지 수개월을 기다리라고 말합니다. 그러나 조립 모듈의 단순화와 판매점 조립공급 방식을 적용한다면 몇 개월씩 기다리는 불편함도 없애고, 소비자의 다양한 니즈에 부합할 수 있으며, 대리점을 통한 최종 말단 서비스업에 새로운 일자리를 창출하는 아이디어가 될 수도 있습니다. 게다가 물류공간과 비용을 줄이고 주문과 공급의 시간을 대폭 줄일 수도 있습니다. 그러나 이런 방법은 완성차를 팔던 대기업의 수익구조를 표준화된 조립 모듈을 파는 수익구조로 바꿔야 하고, 최종 말단의 조립장이라는 새로운 사업 영역 또한 발생하게 됩니다. 이때 바뀌는 산업 시스템에서 대기업은 손해를 최소화하기 위한 노력을 할 것이고, 소기업은 새로운 사업을 창출하는 데 힘쓸 것입니다. 이에 따른 두 기업 간의 원활한 협의 과정이 필요할 것입니다.

인더스트리 4.0이든 5.0이든, 힘들고 위험하며 단순하고 반복적인 인간의 노동을 기계로 대체하는 데에 반대할 사람은 아마도 없을 것입니다. 다만, 기계로 대체되는 속도와 사람이 그 현실을 받아들이는 간극을 줄여 사회적 불안을 최소화하는 게 중요합니다. 또한 인간의 고유 영역인 줄 알았던 복잡하고 판단이 필요한 작업파트들조차 인공지능과 기계에 장치된 센서들로 대체되고 있는 현실에서 맹목적인 100% 자동화를 미래인 줄 착각하며 대기업들의 단기이익을 위주로 가다 보면 일자리를 상실한 인간들이 다시 소비자가 되었을 때 기업에서 생산하는 물건을 소비할 경제력이 함께 없어지는 악순환의 고리를 만들 수 있습니다. 우리는 이 시점에서 왜 우리보다 백수십 년 앞선 자동차산업의 선진국들이 공장 자동

아틀리에화 되어가는 선진국의 소량생산 고성능 자동차 공장

화를 함부로 추진하지 않았는지, 왜 그들이 생산라인을 통째로 개발도상국들에게 이관했는지 진짜 이유를 생각해봐야 합니다.

1980년대를 전후하여 우리나라와 일본의 대량생산 시스템 도입을 통해 세계는 매우 값싼 자동차를 공급받아왔고 지금은 중국이나 인도 등의 국가가 우리나라보다 더 값싼 자동차를 공급하고 있습니다. 그리고 일본은 일찌감치 자동차산업의 미래를 준비했으나 우리는 뒤늦게 후회하는 상황입니다. 반면 개발도상국가들에게 생산라인을 이관했던 선진국들은 그들의 자동차 생산라인을 예술가들의 아틀리에처럼 꾸며놓고, 첨단 장비와 수공업을 조합해 고가의 주문 제작 자동차를 생산하고 있습니다. 또한, 자동차 대량생산을 위한 자동화 시스템의 생산모듈이나 소프트웨어 기술을 양산자동차를 만드는 개발도상국에 판매하고 있습니다.

반면, 자동차 대량생산을 시작한 지 60년이 넘은 우리나라는 오늘날까지도 선진국이 했던 것을 보고 배워서 따라 하는 수준을 벗어나지 못하고 있습니다. 지금은 인더스트리 4.0을 간판으로 내건 독일이나 일본의 지능생산 자동화 시스템이라는 상품을 수입하여 사람을 해고하고 자동화율을 높여 원가를 절감하고 이익을 얻는 위주로 일하는 모양새가 우리나라 자동차산업의 장래가 밝지 않음을 경고하고 있습니다. 지금은 무엇을 위한 자동화였으며 무엇을 위한 지능화였는지 그리고 우리가 말하는 '스마트 팩토리' 속에 숨은 정체는 진정 무엇이었는지를 파악하여 지금의 인더스트리 4.0이 과연 올바른 방향으로 가고 있는지 반성해야 할 때입니다.

커스텀 자동차

〈모나리자〉 원작에 눈썹이 없다고 눈썹을 그려 넣는다거나, 이중섭의 〈소〉 원작에 덧칠을 한다면 우리는 그것을 '훼손'한다고 말합니다. 그렇다면 자동차는 어떨까요? 예를 들어 1990년대 파가니존다 1호 제작품이나 1960년대 포드 GT40 오리지날 같은 역사적 정체성이 강한 자동차들은 소장가치가 충분한 보존의 대상이겠지만, 수십만 대씩 생산된 양산품들은 그 제품의 소유자가 자기 취향대로 마음껏 개조한들 훼손한다고까지 여길 수 없을 것입니다. 수십만 개의 똑같은 것들이 많으니까요. 자동차는 수십~수백만 명 모두가 공장에서 만들어준 대로 사용할 만큼 인류의 생활방식과 자동차의 사용 용도가 획일화되어 있지 않은 세상입니다. 2000년대에 리메이크된 포드 GT 양산품도 대략 2천 대 정도 팔렸다고 하니 그중 수백 명이 자기 취향으로 개조한들 그들의 선택일뿐입니다. 최신형 스포츠카를 사자마자 영화 〈백투더퓨처〉의 타임머신 형상으로 개조하든, 중고 미니버스를 사서 캠핑카로 만들든 그것이 공공질서를 파괴하거나 지구에 해를 끼치지 않는 한, 우리는 그들의 작품을 보고 즐기면 된다고 생각합니다. 다만 철제 범퍼나 날카로운 날개같이 보행자 안전에 해로운 형상이나 비과학적 방법으로 개조하여 구조적으로 취약하거나, 공해물질이 다량 방출되는 등의 개조는 공공질서를 파괴하고 인류와 지구에 해로우므로 당연히 금지되어야 합니다.

튜닝을 잘 모르는 사람들은 애프터마켓의 저렴한 상품을 마구 갖다 붙이면서 양산품 표준형만도 못하게 차를 망가뜨리고 그것을 '튜닝'이라고 합니다. 결국엔 다 고장 난 차를 다시 고치면서 '튜닝의 끝은 순정'이라는 아이러니한 말을 하는데, 물론 시행착오 과정에 실수도 있겠지만 튜닝의 끝은 순정이 아니고 '새로운 완성'입니다. 완성할 수 없다면 애초에 손을 안 대는 편이 낫습니다. 반대로 완성을 할 거면 끝까지 가야 합니다. 그것도 아니라면 빈티지 시장에서 인기나 얻어볼 겸 양산품 순정 그대로 수십 년 이상 보존하는 방법도 있습니다.

사실 자동차는 태생부터가 부유층의 전유물이었습니다. '자동차가 나가신다, 길을 비켜라!'라는 마인드는 우리나라뿐 아니라 해외도 별반 다를 게 없습니다. 다만 서양의 선진국들은 오랜 세월 자동차가 대중화되면서 자동차문화와 보행자 안전이 비교적 균형 있게 발전해온 편이고, 우리는 그들에 비해 비교적 단기간에 불균형 발전해온 것입니다. 1900년대에 들어서면서 자동차산업은 대량생산과 자동화를 통해 급속도로 대중화되었습니다. 특히 1950년대를 기점으로 자동차는 섀시와 바디로 나누어지는 개념이 아닌 바퀴 달린 박스의 형태를 취하게 되었습니다. 즉 모노코크 섀시의 시대가 열린 셈입니다. 기존의 래더프레임 골조 위에 운전석 박스를 올리는 구조보다 생산 공정을 대폭 줄일 수 있었기 때문에 세계의 거의 모든 자동차 업체들이 모노코크 구조를 채택하게 되었습니다. 모노코크 섀시는 얼핏 쉘 타입 구조와 비슷하지만, 속에 있는 스페이스 프레임과 겉껍데기(shell)를 서로 맞붙여 구조적 강성을 더했고 경량화를 실현할 수 있었습니다. 즉, 외판과 내부프레임 일체형 자동차들을 모노코크라 부릅니다. 미국에서는 유니바디라는 말로 통용되었습니다. 1930년대 이전 패치 타입 바디에서 세계대전을 거치는 동안 쉘 타입 바디와 스페이스 프레임의 개선형인 모노코크 바디가 소개되었으나, 양산차 메이커들은 모노코크의 장점인 원가 절감만을 살려 1950년대를 지나면서 싸구려 모노코크 바디 양산차가 폭발적으로 보급 되었습니다. 비행기 동체 설계기술에서 유래된 모노코크의 장점은 자동차를 더 가볍고 튼튼하게 만들기 위한 기술이었습니다. 제대로 만들면 오히려 더 비싸지는 기술이었지요. 그러나 메이커들은 여전히 모노코크 기술을 원가 절감용으로만 활용하여 조금이라도 더 얇게, 더 간편하고 단순하게 만드는 데 급급했습니다. 그러다 보니 2018년에 이른 지금까지도 모노코크는 약하고 래더프레임 자동차는 튼튼하다는 선입관이 뿌리 깊게 자리하게 되었습니다.

그리하여 기술자들이 궁리 끝에 콤포지트 섀시 프레임을 개발했지만 그런 건 값비싼 슈퍼카의 영역이었습니다. 기술이 좀 더 무르익고 산업이 더 상향 평준화되어야 비로소 메이커들은 제대로 된 모노코크 바디 양산형 자동차를 생산하게 될 것입니다. 어찌 됐든 이러한 섀시 양산기술을 통해 최근 100여 년 동안 자동차의 공급은 폭발적으로 증가했습니다. 그런데, 자동차를 구매하는 사람 중 일부 부유층이나 유명 인사들은 남들과 똑같은 차를 타는 데 거부감을 느끼고 뭔가 특별하고 일반적 양산자동차들보다는 좀 더 뛰어난 개성을 원했습니다. 그러한 수요에 발맞춰 자동차 커스텀 사업도 발달하게 된 것입니다.

1900년대 중반 미국의 할리 얼(1893~1969)은 자동차 구조 및 형상을 개조하는 솜씨가 뛰어나 유명 인사들의 자동차를 리메이크하는 사업을 했었고, 그의 인생 중반에는 GM사 뷰익의 스트림라인 캐릭터나, 콜벳1세대 스포츠카를 디자인하기도 했으며, 비행기에서나 볼법한 테일핀 형상을 자동차로 가져와 유행시킨 장본인이기도 합니다. 그러나 무엇보다 자동차 디자이너의 격을 높인 것은 그의 가장 큰 업적이라고 할 수 있습니다. 그는 디자이너의 업무영역을 이미 다 만들어 놓은 차에 장식이나 달던 역할에서 자동차를 만들기 전에 스타일을 결정하는 바디라인을 그리고 형상검토용 모형을 만드는 역할로 확대했기 때문입니다.

커스텀카. 오버랜드 식스(1915년)

트레보 윌킨슨의 TVR No2(1949년)

또한 그는 자동차 디자인 프로세스를 정립하고 풀스케일 클레이 목업을 통한 가제작 프로세스를 정립한 인물입니다. 당시에 정립된 디자인 프로세스는 자동차 업계에 하나의 표준이 되어 오늘날까지도 이어지고 있습니다. 할리 얼은 자동차산업의 근현대 패러다임을 구조적으로 바꿨던 것입니다. 그의 자동차 디자인 프로세스의 본질은 사실상 기업에서 양산되는 자동차를 스스로 시장의 요구에 맞게 커스터마이징하여 내놓는 것이었습니다. 1900년대 중반에 이미 엔지니어의 머리에서 나온 계산에 입각한 형태의 대량생산된 뻔한 자동차를 파는 데는 한계가 있었던 겁니다. 우리나라의 경우엔 1970년대를 기점으로 양산승용차 산업이 붐을 맞이했고, 1990년대까지 뻔한 자동차의 틀을 벗어나지 못하다가 이제야 조금씩 자동차의 개성화 시대가 열린다고 볼 수 있습니다.

자동차의 역사와 함께 부유층의 스포츠로 자리 잡은 게 하나 있습니다. 주말마다 자동차 경주를 즐기는 '위크엔드 레이싱'입니다. 과거에는 부유

1963년형 콜벳 2세대

▲ 60년대 커스텀 메이드 인기모델이었다.

알피나 BMW 커스텀 레이싱카(1974년)

층의 전유물로 여겼으나 지금은 소득과 상관없이 남녀노소 누구나 즐길 수 있는 스포츠가 되었습니다. 우리나라로 치면 주말에 조기축구회나 산악회에 나가듯 도심 외곽에 있는 자동차 경주 서킷에 각자의 레이싱카를 타고 나가 경주를 즐기는 것입니다.

TVR의 창업자 트레보 윌킨슨도 위크엔드 레이서였습니다. 그는 자신이 직접 만든 자동차를 타고 경기를 했고 사람들의 인기를 끌었습니다. 그러자 자연스럽게 자동차 제작 주문이 밀려 들어왔고 레이싱카 공장을 창업하게 되었습니다. 빗대어 말하자면, 조기축구회에 자기가 만든 축구화를 신고 나가 공을 잘 차자, 사람들이 똑같은 축구화를 만들어달라고 요청하는 것과 같은 맥락입니다.

과거에는 자동차 레이싱과 자동차 커스터마이징이 부유층의 전유물이었지만 산업이 고도화되고 대량생산화로 부품가격이 낮아지면서, 부유층

시트로엥 2CV 탈착형 의자(1948~1990)

시트로엥 2CV 동호인 레이싱

시트로엥 2CV 비행기

시트로엥 2CV 보트

뿐만 아니라 평범한 대중들에게도 모터스포츠가 확산되었습니다. 2차 세계대전이 끝나고 전후 복원사업으로 한창 바빴던 1950년대의 유럽이 그러했습니다. 프랑스에선 시트로엥 2CV가 인기를 얻었었고, 이탈리아는 피아트의 다양한 소형차들이, 독일은 비틀, 그리고 영국에선 미니가 인기를 얻었습니다. 이처럼 값싸고 배기량도 적은 소형차들은 가난했던 동호인들의 자동차 경주뿐만 아니라 유럽 국민의 발이 되어 근로자들의 출퇴근용으로, 전기기술자의 출장용으로, 농부의 농산물 배달용 등으로 활용되었습니다. 유럽의 경제가 활황을 맞았던 1960년대 전후에는 소형 자동차들을 개조하여 캠핑카로 사용하기도 했습니다.

한편, 자동차 경주가 꾸준히 사람들의 관심을 끌자 알파로메오, 페라리, 란치아, 로터스, 포르쉐, 벤츠, 아우디, BMW, 심지어 일본의 혼다까지 거의 모든 자동차제조업체들이 모터스포츠에 뛰어들어 자사 자동차를 홍보하기 위한 스포츠마케팅에 나서기도 했습니다.

그러나 과열된 자동차 경주 끝에 결국 대형 사고가 일어나게 됩니다. 1980년대 그룹 B 랠리카 몬스터 머신들의 크고 작은 사고들을 계기로 자동차 경주는 국제사회에서도 규제대상이 되었습니다. 경주용 차의 성능과 인간이 컨트롤 할 수 있는 한계에서 타협점을 찾아 성능을 낮추고 도로규격과 레이싱 환경을 재구성하여 현재에 이르고 있습니다.

그 와중에 부유층을 위한 슈퍼카 시장이 두터워졌고 본격적으로 슈퍼카 시장의 포문을 연 1960년대 람보르기니 미우라부터 1990년대 베이론 W16에 이르기까지 대배기량 리어 미드쉽 스펙이나 초호화 인테리어와 독특한 형태의 자동차들이 스타일링과 스펙 경쟁을 시작하게 되었습니다. 물론 1950년대에도 이미 포르쉐 550 스파이더나 벤츠 300SL 같은 독특한 차들은 존재하고 있었습니다. 그리고 2000년대 들어 아우디가 람보르기니를 인수하면서 생산했던 머시알르고를 시작으로 슈퍼카 양산시대도 열렸습니다. 머시알르고는 마르셀로 간디니가 이탈리안 스타일로 디자인한 디아블로를 페루에서 온 신예 디자이너가 새롭게 디자인하여 아우디가 독일식 품질로 완성했던 사례입니다. 자금과 시설이 부족한 중소제작사가 만들던 슈퍼카를 대규모시설의 양산차 회사가 만들었으니 품질이 좋았고, 운전이 미숙한 사람도 몰 수 있도록 각종 트랙션 보조 장치와 AWD(All Wheel Drive: 전륜구동) 시스템을 도입했습니다. 그 결과 연간 수백 대 규모에 불과했던 판매량을 연간 수천 대까지 올리는 기록을 세우게 됩니다. 이러한 배경으로 출시됐던 게 람보르기니 가야르도였고, 연이어 아우디 브랜드로 R8이라는 슈퍼카가 출시되었습니다.

람보르기니 머시알르고(2001년)
▲ 슈퍼카의 대량생산 시대를 열었던 모델

슈퍼카의 양산화 트렌드는 일반 승용차들도 고성능화하는데 더욱 가속하는 촉매 역할을 했습니다. 상황이 이렇게 되자 과거에 슈퍼카 유저였던 최상위 구매층은 한 차원 더 높은 자동차를 원하게 됐습니다. 그렇게 등장한 카테고리가 하이퍼카입니다. 2005년에 등장했던 부가티의 베이론을 보면, 16기통 8000cc 엔진에 4개의 터보차저를 달고, 출력은 1,000마력에 1마력의 추가파워가 있다고 메이커는 주장했었습니다. 피스톤 수가 많아서인지 토크는 1,250뉴턴미터였고, 당시로선 슈퍼카에 종지부를 찍었다는 항간의 화젯거리였습니다. 그런데, 이 차의 연비는 풀액슬로 달리면 리터당 1km입니다. 리터당 출력비는 125마력에 머무르고, 공차중량이 1.9톤에 달하다 보니 무게당 출력비는 0.53bhp/kg밖에 안 됩니다. 이는 4700cc 수퍼차저 엔진 코니그젝(0.68bhp/kg)보다 낮은 사양으로, 흔한 슈퍼카들이 낼 수 있는 평범한 성능입니다. 당시 폭스바겐 그룹에선 자신의 기술력이 세계 최고임을 선전하고 싶은 의도에서 기존의 V8 엔진 두 개를 이어 붙여 16기통을 구현하고, 두 개의 기어박스를 병렬로 달아 기어변속 타이밍을 빠르게 하는 DSG 밋션에 비행기제작사의 기술을 활용한 날개를 다는 등 회사 차원의 커스텀 메이드 자동차인 셈입니다. 부가티 베이론뿐만 아니라 롤스로이스나 마이바흐 같은 메이커들도 자동차를 승차감과 내장재 위주로 커스텀 메이드 하는, 일명 귀족 마케팅을 주로 하는 회사들입니다.

부가티 베이론(2005년)

▲ 자동차제조업체에서 직접 커스텀 제작하여 출시한 사례

커스텀 지프 랭글러(2015년)

미국의 지프 또한 자동차 커스터마이징으로 성장한 대표적인 사례입니다. 제2차 세계대전이 끝나면서 군수산업은 빠르게 민수산업으로 전환되었습니다. 그리고 군장비들은 민간용으로 용도 변경되었는데, 그중 지프는 하나의 시대적 아이콘이자 자동차의 새로운 장르였습니다. 1920년대 아메리칸 반탐을 군용으로 리엔지니어링 하여 군사적 목적에 맞게 다양한 구조로 커스텀 메이드 해온 지프는 철저하게 군인정신으로 디자인되어 바디파츠부터 파워 트레인 및 각종 드라이브 트레인까지 볼트온 조립파츠가 넘쳐납니다. 시중에 나와 있는 부품파츠를 단순 조합만 해도 수천여 종의 지프가 만들어집니다. 이토록 많은 애프터파츠 시장이 이 차의 활용도와 인기를 증명하고 있습니다.

우리나라엔 한국형 '지프차'의 전성기를 이끌었던 코란도(1969~1996)가 있었습니다. 품질, 성능, 디자인 등으로 구설도 많았지만, 대한민국 4륜구동 스포츠유틸리티로 많은 사랑을 받았습니다. 1990년대 중반에 단종됐으나 마니아들 사이에서 리스토레이션(복원차) 되며 현재까지도 그 생명을 이어가고 있습니다. 쌍용자동차에 코란도가 있다면 현대자동차에는 일본제 파제로의 수입모델인 갤로퍼가 있었습니다. 갤로퍼와 그 후속 모델 테라칸도 코란도와 함께 리스토레이션 튜닝으로 다양한 조합의 자동차가 등장하고 있습니다.

오늘날엔 자동차 제작기술이 보편화, 대중화되면서 개인제작자 수준의 키트카 분야에서도 커스텀 메이드 자동차들이 등장하고 있습니다. 스

Jon Olsson의 키트카 커스텀 리빌드 사례(2013년)

웨덴의 한 프로 스키선수가 스타일리스트와 엔지니어를 고용하여 커스텀 리빌드한 고성능 스포츠카의 사례도 있습니다. 대개 소규모 자동차 제작사들은 레플리카(복제차), 리스토레이션(복원차), 카-리스타일링, 키트카를 주요대상으로 하고 있습니다. 자체 디자인한 상품을 내놓은 소규모 제작사는 유명 디자인을 모방하는 다른 업체들에 비해 상대적으로 그 수가 적지만, 그들의 생산능력을 활용해 자기만의 자동차를 만들고 있습니다.

스웨덴의 기타제작자였던 Ulf Bolumlid는 1992년에 'Mania Spyder'라는 디자인을 스웨덴의 한 키트카 메이커에 공급하였고, 연이어 Sensor GTR 같은 스포츠카 디자인도 맡게 됩니다. 그는 10여 년 전에 불현듯 기타 제작자에서 자동차 디자이너로 변신한 사람입니다. 스웨덴의 자동차

Sensor GTR

산업은 전투기 제작사 사브로부터 안전의 대명사 볼보에 이르기까지 나름의 특색이 있었는데, 최근엔 하이퍼카 메이커로서 코닉세그도 스웨덴의 새로운 아이콘이 되었습니다. 중소기업의 수제자동차 제작에 대한 규제나 사회제도가 우리나라와는 달라서인지 스웨덴은 20세 청년이 하이퍼카 메이커를 쉽게 창업할 수도 있고, 평범한 기타공장도 마음만 먹으면 스포츠카 제작사로 업종 변경이 가능하다고 합니다.

그러나 '독특한 커스텀 메이드 자동차'하면 이탈리안 코치 빌더들을 빼놓을 수 없습니다. 이탈리아는 중소규모 수공업이 발달한 나라로, 수많은 명품브랜드들의 고향이기도 합니다. 뿐만 아니라 맞춤제작 수제자동차산업도 발달해 왔는데, 백만장자나 억만장자들의 드림카들을 페라리나 AMG의 대량생산 부품을 다양하게 활용해 실제 움직이는 자동차로 만들어줍니다. 이탈리안 코치 빌더들은 오너가 생각하고 있는 차의 컨셉과 조형 등에 대한 개인 취향을 반영해 스케치부터 실물까지 완성하는 중소규모 자동차 제작업체들로써 1900년대 초부터 현재까지 100년 이상을 꾸준히 성장하고 있습니다. 대기업 양산차 메이커들이 해마다 발표하는 컨셉카들도 따지고 보면 같은 맥락일 수 있습니다. 그런 차원에서 볼 때, 우리나라도 캐나다의 커스텀 메이드 자동차 업체를 통해 제작하여 세상에 등장시킨 '드 마크로스 에피크'라는 커스텀 메이드 자동차가 있었습니다. 그 차는 수년 전부터 해외 언론에 노출되면서 단계적으로 존재가 알려졌습니다. 슈퍼카 사업을 꿈꿨던 한 한국인 오너가 자신의 취향으로 1960~1970년대 레이싱 타입 바디 외형을 그렸고, 그의 상상을 엔지니어들은 포드

GT40의 섀시와 메카니즘을 활용해 커스텀 메이드 했던 사례입니다.

자동차의 발생과 더불어 커스텀 자동차의 수요가 점진적으로 증가해 왔고 제작업체들도 많아지기 시작했습니다. 이에 따른 기술도 함께 발달하다 보니 서로 간에 기술 및 성능 경쟁을 했고 기술발달 속도는 기하급수적으로 빨라졌습니다. 그러나, 유저들의 운전실력은 기술발전의 속도를 따라가지 못했습니다. 결국 고성능 커스텀카의 유저들 대다수가 자동차의 성능을 제대로 다루지 못해 애물단지가 되기 일쑤였고, 고성능 커스텀 메이드 시장에 한계가 오는 듯했습니다. 그래서 20여 년 전 대형 양산차 메이커들은 슈퍼카에 AWD[7] 드라이브 트레인을 장치하는 것에 대해

드마크로스 에피크(2012년)

7) All Wheel Drive: 네 개의 바퀴 모두에 동력을 전달하는 기술로서, 출력이 높을수록 두 개의 바퀴만 굴려서 달리는 자동차에 비해 핸들링이 안정적입니다.

고민하기 시작했습니다. 운전실력이 부족한 부자들도 600마력이 넘는 엔진을 쉽게 몰 수 있도록 하기 위함이었는데, 트랙션이 비교적 안정적이고 스펙도 화려한 AWD는 그러한 잠재수요자들에게 차를 팔기 위한 기술적 접근방법으로 활용되었습니다.

그리고 2000년대가 열리면서 슈퍼카 시장은 10배 이상의 양적 팽창을 하기에 이르렀습니다. 이윽고 AWD가 슈퍼카 시장에서도 일반화되면서 과거 평범한 수준의 운전실력을 지닌 사람들이 2WD 슈퍼카를 몰고 자기 집 주차장에서 나오는 것조차 버거워하던 시절은 지나갔습니다. AWD와 다양한 TCS[8]들로 중무장한 오늘날의 슈퍼카들의 동력전달은 앞뒤 좌우 4×2=8 스테이지로 동력전달 비율을 별도제어합니다. 하지만 차가 아무리 좋아져도 여전히 사고를 내는 사람들은 부지기수입니다. 제아무리 AWD에 하이테크 토크벡터링[9] 트랙션 컨트롤 장치에 멀티피스톤 캘리퍼에 하이브리드 카본 쎄라믹 브레이크 같은 것들로 중무장한들, 미숙한 운전실력으로는 감당할 수 없는 현실이 많기 때문입니다. 자신의 운전실력을 높게 평가해 자만심에 빠져 슈퍼카를 컨트롤 할 수 있는 것으로 착각하기 때문에 고속도로의 사고 수위는 점점 높아지고 있습니다.

8) Traction Control System: 자동차의 급가속 또는 고속주행이나 불규칙한 노면에서 바퀴의 회전수 편차를 보상하는 장치. ABS 브레이크시스템을 활용하여 헛도는 바퀴를 제어하는 방식에서 각각의 동력 축의 회전력을 제어하는 토크벡터링 방식 등 다양한 방법이 쓰이고 있습니다.

9) 각각의 차축에 전달되는 회전력을 차의 주행상황에 맞게 제어하는 기술.

유니목

▲ 제2차 세계대전 후 농업용 4륜구동차로 시작했으나 현재는 다양한 특장차로 개조되고 있다.

스페셜티 비클, 라이노 GX, 포드 F450 개조차(2016년)

이러한 슈퍼카들 말고도 커스텀 자동차메이커 중엔 트럭을 SUV로 개조한 자동차도 있습니다. 포드 F450을 커스텀 리빌드하여 판매하는, 스페셜티 비클-라이노 GX라는 자동차가 그중 하나입니다. 2012년 무렵에 '라이노 차저'란 이름으로 출시됐던 포드 트럭의 개조차인데, 인기가 식지 않아 꾸준히 생산 중이라고 합니다. 최신형은 위 사진의 라이노 GX입니다. 이처럼 픽업트럭을 개조하는 사례보다 한 수 위로 엑스페디션비클이라는 이름으로 통용되는 특장차들도 나름의 인기가 있는 카테고리입니다. 5톤 또는 10톤 트럭은 물론이며, 중소 자동차 제작업자들은 버스나 컨테이너 트레일러도 다양한 용도로 사용하기 위해 커스텀 빌드합니다. 커스텀 빌드 캠핑 버스는 차 밑에 소형승용차를 싣고 다닐 수 있는 차고가 장치된 고급형부터 업무용 오피스 버스까지 다양합니다.

또 한 가지 독특한 사례로는 제2차 세계대전 후 독일에서 출시된 유니목[10]이라는 다목적 차가 있습니다. 애초부터 개조를 목적으로 설계된 이 차는 현재까지 70년 이상 꾸준히 판매되고 있습니다. 유니목은 그 이름에서도 알 수 있듯이 커스텀을 목적으로 출시된 자동차입니다. 주로 관공서나 군부대 등에서 도로보수 및 산악 송전선 공사용 특장차로 사용됩니다. 특장차 산업은 볼보, 현대, 벤츠 등 너나 할 것 없이 세계의 모든 상용차 메이커들에겐 꾸준한 커스텀 메이드 분야 상품입니다.

우리나라의 우등고속버스 같은 경우, 대형버스에 3열 21~28개의 좌

10) UNIMOG: 다용도 디바이스로 해석합니다. "UNIversal-MOtor-Gerät", Multi Purpose Vehicle. 다목적 자동차, 중형트럭.

석을 배치해 넓고 쾌적한 공간을 제공하고 있습니다. 비행기의 비즈니스 석과 흡사한, 세계적으로도 보기 드문 대중교통 수단입니다. 이런 경우는 버스운송조합이 국토교통부의 승인을 얻어 자동차제작사에 주문한 커스텀 버스라고 봐야겠군요. 외국인들도 우리나라의 우등고속버스는 무척 부러워하고 있습니다. 해외에도 일부 고급 버스들이 있지만 우리나라처럼 대중화되어있지 않기 때문입니다.

우리나라의 우등고속버스는 더욱 발달하여 지금은 프리미엄 고속버스로 한 단계 더 고급화되는 추세입니다. 자동차산업은 개인의 취향에 맞춘 사적인 수준의 커스텀카에서부터 기업의 홍보용으로 활용되는 컨셉카에 이르기까지 다양하며, 그 고객은 일반 대중 개개인부터 기관, 단체에 이르기까지 폭넓습니다. 또한 전시(戰時)에는 군사적 목적으로 국가가 자동차를 주문하여 다양한 부대(보급부대, 공병대, 포병대 등)에서 사용될 군용커스텀 작전차량들이 제작되기도 했습니다. 커스텀 자동차의 영역은 이러한 군사작전용 외에도 실험실의 초음속 자동차나 하늘을 나는 자동

차까지 범위가 확대됩니다. 엔진의 발달과 지구 중력의 물리학적 해석이 완성되는 날 또 다른 전 지구적 혁신이 나타날 수도 있겠군요. 아래의 사진은 GM에서 헬리콥터용 엔진을 자동차에 적용해본 실험의 한 결과입니다. 이처럼 기업체의 실험실이나 개발실에서 나오는 커스텀 자동차는 대부분 기술력 과시용인 경우가 많습니다.

자동차에 헬리콥터용 터빈엔진을 적용한 실험 사례

1930년대 전후로 2만cc 초대형엔진을 장착한 자동차부터 다양한 상상력의 결과물로 만들어진 희귀한 자동차들은 헤아릴 수 없이 많습니다. 그들의 도전과 실험이 있었기에 자동차산업도 발달할 수 있었던 것입니다. 독일의 폭스바겐이나 프랑스의 푸조, 일본 도요타 TRD, 미쓰비시 등 너나 할 것 없이 자사의 자동차 커스텀 제작 실력을 과시하기 위해 온로드 및 오프로드 레이싱 머신들을 만들고 있습니다.

푸조 토탈 다카르 랠리레이싱 커스텀카(2015년~2016년) ▲푸조의 SUV 바디를 활용했다.

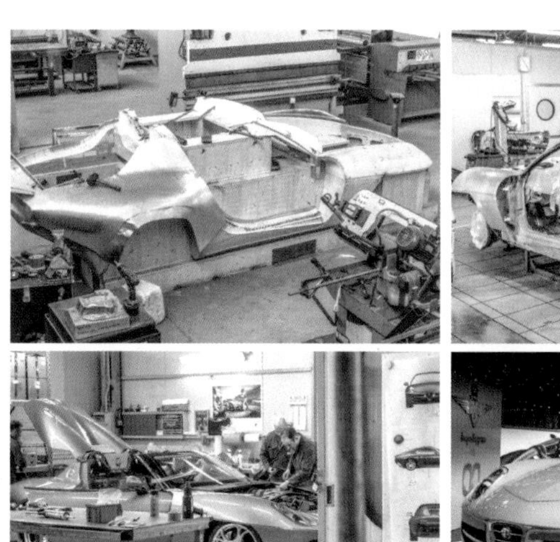
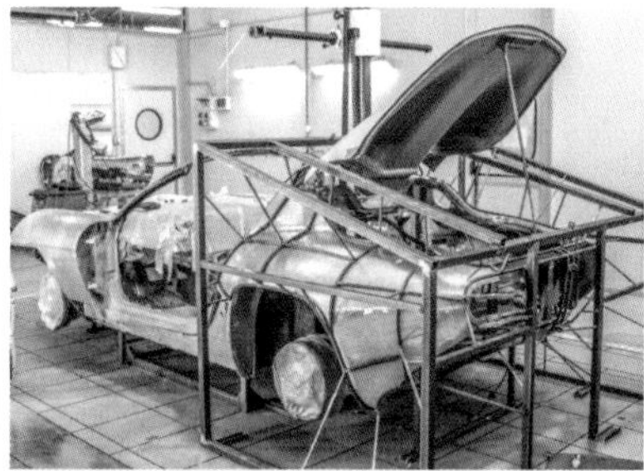

이탈리아의 코치 빌더 제작현장과 그 제품 사례

지난 백여 년 동안 자동차산업이 인더스트리 2.0과 3.0을 지나 이제 5.0 시대를 맞이하면서 모델이 더욱 세분화되고 있으며 일부는 주문 제작을 해야 하는 시대가 오게 되었습니다. 앞으로는 오늘날 커스텀 자동차를 만들던 메이커들이 가진 설계와 제작 노하우 및 기술들이 지금보다 더 적극적으로 활용되어, 백만장자뿐만 아니라 누구나 자동차를 커스텀 빌드 할 수 있는 시대가 오게 될 것입니다.

로보틱 엔지니어링은 단지 대기업만을 위한 전유물은 아니며 첨단 신소재의 영역도 대기업만을 위한 것이 아닙니다. 오늘날 수제자동차제작사들은 컴퓨터 그래픽을 활용한 가상설계기술에 장인정신이 담긴 수공업기술을 더해 300년 산업화의 명맥을 이어가고 있습니다. 수십만 대 이상의 대량생산만을 전제로 하는 규모 위주의 설계 사상은 이젠 모든 자동차에 적용할 수 있는 생산철학이 아닌 거죠. 자동차 선진국들은 이미 소규모 공장에서 다양한 주문을 받아 자동차를 제작하는 일종의 인더스트리얼 아트를 산업화해왔습니다. 가내수공업 수준부터 중견기업 수준에 이르기까지 세계 곳곳에 수백 군데가 넘는 제작업체가 성업 중입니다.

알파로메오 디스코 볼란테 투어링(2013년) ▼ 이탈리아의 카로체리아 제품 사례

튜닝카 크리틱

커스텀 자동차는 기존의 차대를 활용하거나 섀시를 아예 새로 짜는 방식으로 세상에 없던 차를 만드는 데 비해, 이미 존재하는 자동차의 성능을 업그레이드하거나 용도를 개선하는 등 비교적 간단한 방법으로도 유저들의 자동차에 대한 욕구는 채워져 왔습니다. 수많은 자동차 오너들은 이러한 튜닝을 통해 기존의 자동차를 나름의 용도와 목적에 맞게 개조하여 쓰기도 했습니다. 영국의 로터스 자동차는 창업자 콜린채프만이 자신의 자동차 튜닝 실력을 과시하기 위해 '오스틴 세븐'이라는 차를 튜닝해 자동차 경주에 출전하였고, 이를 통해 점차 수제자동차메이커로 성장할 수 있었습니다. 레이싱뿐만 아니라 1900년대 초 미국의 밀주업자들은 경찰의 추적을 따돌리기 위한 용도로 자동차를 튜닝하기도 했으며, 자동차 메이커들은 스포츠 마케팅의 일환으로 자사의 차를 튜닝해 신상품을 팔기도 했습니다.

1970년대 벤츠에서 근무하던 직원이 회사를 나와 튜닝업체를 차린 후, 튜닝한 벤츠 자동차에 자신들이 개발한 엔진을 올려 레이싱에 출전했던 회사가 바로 AMG입니다. 또한 시장에서의 상품 경쟁력을 얻기 위해 자사의 양산모델을 골라 직접 튜닝하여 자동차 경주에 나섰던 BMW M브랜드도 있습니다. 셀프튜닝으로 특화된 M브랜드 튜닝카 사업은 1970년대 이후 지금까지 굳건하게 이미지를 관리하고 있습니다. 양산자동차는 사실상 설계 단계부터가 특수한 목적이 있거나 소수의 부유층을 위한 게

1 1949년 로터스 MK2 ▲ 오스틴세븐을 튜닝했다.
2 1950년대 양산승용차 튜닝 드래그 경기
3 1980년대 그룹B 승용차 개조

아닙니다. 범용성을 목적으로 한, 다수에게 팔기 위한 디자인이었으므로 사람들은 각자의 취향과 사용 용도에 맞춰 튜닝이라는 방법으로 자동차를 쓸모 있게 했습니다. 물론 튜닝의 필요성을 느끼지 못하는 유저들은 표준형 자동차를 닦고, 조이고, 기름치며 관리하여 사용했습니다. 그런 차들은 나중에 빈티지 컬렉션에서 자동차 값을 인정받기도 합니다.

튜닝카를 통한 대중적 스포츠 마케팅으로 크게 이득을 본 사례로는 독일의 포르쉐 911을 대표로 꼽을 수 있습니다. 독일의 저가형 국민차 비틀의 섀시를 가져다가 엔진배기량을 키우고 바디 외형을 조금 바꿔 출시된 차가 포르쉐 356입니다. 그리고 포르쉐 356의 사이즈와 배기량만 키워 만든 것이 911인데, 자동차 경주와 속도 우월주의를 마케팅에 사용해온 대표적 사례입니다. 속도가 가져다주는 우월감을 억대의 돈으로 맞바꿔온

포르쉐 911의 내력에는 비틀에서 물려받은 메카니즘[11]이 그대로 녹아있습니다.

그러나 이 디자인은 1920년대 무렵 최초의 포르쉐 타입 12부터 치면 100여 년이 흐르는 동안 그 명성에 비해 본질적으로는 최초 비틀의 튜닝카 수준에서 지속적인 리비전이 만들어지고 있는 자동차입니다. 포르쉐

11) 히틀러가 포르쉐에게 주문한 요구사항은 명확했습니다. 값싸게, 정비가 용이하게, 어른 2명 아이 3명의 일가족 탑승이 가능할 것, 배기량과 유지비가 적을 것, 그리고 아우토반에서 자랑스럽게 빠를 것. 그러나 아쉽게도 '안전하게'는 심사숙고의 대상이 아니었습니다.

911은 비틀의 설계방식이었던 RR 레이아웃[12]에 공랭식 엔진과 토션 바 스프링을 1990년대 중반까지도 계속 사용했습니다. 이런 구조는 차를 값싸게 만들 수 있고 정비가 쉬워지는 장점이 있었습니다. 그러나 값비싸게 팔았으며, 300km/h를 추구하는 이 구조물은 속도에 걸맞지 않게 너무도 앙상한 A필라와 B필라를 가졌고, 사고 시 인명을 보호해주는 역할을 충분히 하지 못했습니다. 게다가 뒤로 쏠린 무게중심은 오버스티어를 증폭시켰으나 911의 오너들은 그런 현상을 오히려 즐겼습니다. 상식적으로 안전에 대한 고려는 속도의 제곱에 비례해야 합니다. 그러나 그 당시에 목숨을 걸던 자동차 레이싱을 상품화했던 포르쉐의 정신에선 속도와 우월감이 우선이었기 때문인지 안전에 대한 배려는 그다지 충분해 보이질 않습니다. 그래도 요즘의 포르쉐 911들은 승용스포츠카다운 면모를 조금씩 갖추고 있습니다. A필라도 약간 두꺼워지는 등 2000년대를 전후하여 안전 스펙이 조금은 향상되었습니다.

그러나 고속질주에 적합한 자동차라고 보기엔 아직 부족합니다. 국가마다 시행하는 자동차 인증제도에도 고속질주를 기준으로 한 충돌테스트는 없습니다. 고작해야 60km/h 정도의 속도에서 구조물 몇 번[13] 들이받

12) Rear engine Rear wheel drive: 뒷바퀴 뒤에 엔진을 장치함.

13) 국가마다 세부사항은 조금씩 다르지만, 정면, 후면, 좌측면, 우측면, 좌대각선 전방, 우대각선 전방, 좌대각선 후방, 우대각선 후방, 전복, 드롭, 하프오버랩 등 9~10가지 정도의 충돌시험 및 주행 안전장치 및 기타 제반 사항에 합격하면 자동차 형식승인 인증을 위한 검사 성적서를 발부합니다.

운전석 위주로 파손되었던 포르쉐 911의 사고사례들

▲ 속도가 빠르고 운전자를 흥분하게 만드는 만큼 안전설계도 함께 발달해야 한다는 생각이 듭니다.

고 검사를 마칩니다. 검사용 코스를 주행하면서 일반 소형자동차도 통과하는 수준의 기본테스트만 합격해도 자동차는 인증이 나오고 상품으로 거래되는 것입니다. 결국 자동차의 속도와 비례하게 차를 튼튼하고 안전하게 만들어야 하는 건 메이커의 양심에 맡길 수밖에 없는 현실입니다.

운전의 재미 위주로 만들어 파는 포르쉐 911의 경우, 제작 원가에 비해 높은 판매가를 제시하고 있습니다. 일반 승용차의 열 배에 달하는 금액을 프리미엄 마케팅으로 포장하고 있는 것인데, 그럼에도 불구하고 유저들의 끊임없는 사랑으로 꾸준한 이윤을 보장하고 있습니다. 그리고 최근에는 운전의 감성 중심으로 설계하느라 거의 모든 것을 수동으로 컨트롤 하던 과거에 비해 더블클러치 자동 트랜스밋션에 트랙션 컨트롤 및 풀타임 4륜구동 등으로 속도와 안정성을 고려한 면이 엿보이고 뒤로 쏠린 무게중심도 상당히 개선되었습니다. 하지만 911을 한 번이라도 타 본 사람들은 안전해지고 있는 신형 포르쉐보다는 오히려 아찔했던 예전의 수동 911을 여전히 선호합니다.

포르쉐 마케팅의 핵심은 늘 자동차 경주였습니다. 그리고 세계적 규모의 각종 GT 레이싱 경기를 통해 얻은 튜닝의 노하우가 단계적으로 상품에도 적용되어왔습니다. 뒤가 무거운 911은 뒷바퀴 그립이 좋아지고 해머 헤드 이펙트 때문에 장치한 광폭타이어는 레이스카와 같은 트랙션과 추진력을 소화할 수 있었던 것입니다. 그러나 뒤가 무거워 발생하는 해머 헤드 이펙트는 여전히 해결할 수 없었기 때문에 레이싱 출전용 911은 무게 배분과 운동성을 위해 더 많은 튜닝을 해야 했습니다. 그렇게 얻은 경험과 튜닝 노하우는 70년 동안 자사의 상품에 다양한 옵션과 가격대로 911시리즈에 단계별 등급의 라인업에 활용했습니다. 이렇게 하나의 모델로 오랜 세월 동안 튜닝해온 차라면, 잘 안 나가는 게 오히려 이상한 것입니다. 할아버지 시절의 차를 가지고 아들 손자가 대를 이어온 포르쉐 911

포르쉐 911 GT3 RSR ▲전통의 RR 레이아웃에서 RMR 레이아웃으로 엔진 위치를 바꾼 사례

은 대부분 일반인을 상대로 양산 스포츠카 형태로 거래되는 RR 레이아웃의 전통을 가지고 있습니다. 뒤가 날아가는 듯, 짜릿한 오버스티어로 박력을 느끼는 데엔 RR 레이아웃이 제격이긴 합니다.

그런데 포르쉐 911 중에는 리어 미드쉽으로 만들어 판매하는 모델도 있습니다. 911 GT3 RSR모델인데, 주 고객은 911을 레이스카로 쓰는 레이싱팀들입니다. 그러나 기존의 양산형 911 시리즈는 그대로 RR 레이아웃을 유지합니다. 레이싱팀들이야 1초라도 더 빨라질 수 있다면 뭐든 선택할 수 있겠지만, 911의 전통 RR 레이아웃의 쾌감에 중독된 유저들의 고집은 아무도 꺾지 못합니다. 어쩌면 포르쉐 911의 형태에서부터 내부구조, 디자인 캐릭터까지 모든 것을 결정하는 사람은 메이커가 아니라 포르쉐 유저들일지도 모릅니다. 일례로 20여 년 전 메이커가 리어 미드쉽 박스터 로드스터를 출시하며 인기를 얻자, 911의 헤드라이트 형상을 동그라미(전통적인 모양)에서 박스터와 비슷한 모양으로 바꿨다가 911 동호인들에게 맹렬한 비난을 받고 다시 원래의 동그라미 모양으로 돌려놓은 적도 있었습니다.

1998년형 포르쉐 911 헤드램프 형상

카레이싱으로 이미지를 구축해온 또 다른 회사로 BMW도 손꼽을 수 있습니다. BMW는 비행기용 엔진 제작사였다는 후광에 힘입어 오토바이에서 고성능 세단까지 폭넓은 영역의 자동차를 제작, 판매하는 회사로, 핸들링과 속도를 내세워 마켓 포지셔닝을 해왔습니다. 1960년대에 '알피나'라는 자동차부품 공급업체가 BMW 세단을 개조하여 자동차 경주에 참가해 좋은 기록을 세우자 알피나를 적극 후원하는 등의 방법으로 레이싱을 통한 스포츠 마케팅으로 고성능 세단의 이미지를 갖추게 되었습니다. 또한 1970년대 들어 속도와 핸들링이라는 모토를 내걸고 자사의 M 브랜드를 론칭하게 됩니다. 오늘날 M 시리즈는 BMW 상품의 전 영역에 걸쳐 자사 상품의 튜닝 업그레이드 버전을 판매하면서 매출을 올리는 데 크게 기여하고 있습니다.

BMW M과 벤츠 AMG ▲자동차산업에서 튜닝카로 성공한 대표적 사례

독일의 AMG 역시 비슷한 코드를 가지고 있습니다. 1970년대 이후 튜닝 시장에서 AMG의 평판이 점차 좋아지자 벤츠는 AMG를 통해 자사 모델의 몇몇 차종을 AMG 이름으로 업그레이드하여 튜닝 버전을 팔아 왔습니다. 1955년 르망 24시 레이스에서 벤츠 300SLR이 앞차와 추돌 후 관중석으로 날아오르는 사고로, 83명이 사망하고 120여 명이 다치는 대형 참사를 겪은 후 자동차 경주 불참선언을 하게 됩니다.

그런데 당시 벤츠에 근무하던 직원 두 명이 자동차 경주에 불참하는 회사에 불만을 느껴 회사를 나와 레이싱카 튜닝 업체를 차리는데요, 그 회사가 AMG였던 것입니다. 그들은 10년을 넘게 기다려도 자동차 경주엔 참가하지 않고, 앞으로도 여간해서는 경주를 안 할 것 같은 회사에 불만이 컸던 거죠. 비록 벤츠는 1988년 레이싱에 복귀는 했으나 레이싱을 좋아하던 젊은 엔지니어들은 1967년에 일찌감치 회사를 나와 벤츠 승용차를 레이싱카로 튜닝하는 사업을 시작했던 것입니다. 1960년대 독일의 모터레이싱계는 BMW 튜닝카 알피나가 주목받던 시절이었고, 아우디나 포르쉐도 판치던 시절이었습니다. 그런 상황에 벤츠를 나와 벤츠 자동차를 튜닝하여 출전했던 AMG는 1960~1970년대 당시 독일 모터레이싱에서는 나름 샛별이었죠. 그러던 AMG가 1970~1980년대 벤츠 튜닝카로 명성이 쌓이자 벤츠는 홍보 효과와 상생 차원에서 AMG와 적극 협조하다가 나중에는 아예 AMG를 인수하여 스포츠 마케팅에 본격 합류하기에 이릅니다. AMG 또한 벤츠 순정 자동차의 두 배에 달하는 가격으로 차를 튜닝하여 팔면서 벤츠의 자동차 매출에 크게 기여하고 있습니다.

자동차의 튜닝과 스포츠 마케팅으로 성장한 사례를 하나 더 들자면 아우디의 콰트로를 예로 들 수 있습니다. 상대적으로 명성이 높지 않았던 자동차메이커 아우디는 1980년대에 4륜구동 자동차를 랠리경기에 출전시키는 모험을 감행합니다. 당시만 해도 대부분의 기술자들은 4륜구동은 기관이 복잡해 동력손실이 크고 무거워서 순발력과 속도를 내는 데 불리하다고 생각했었습니다. 그러나 아우디의 생각은 좀 달랐죠. 어차피 랠리경기는 흙길이 태반이라 타이어 접지가 약하기 때문에 4륜구동을 쓰면 더 빨라질 수 있다고 확신했습니다. 초기 콰트로는 프론트, 센터, 리어 3개의 디퍼렌셜 중 센터 디퍼렌셜 락 스위칭을 통해 4WD의 역동성을, 리어 디퍼렌셜 락을 통해서는 추진력을 얻을 수 있었습니다. 콰트로 시스템에 확신을 얻은 아우디는 1990년대에 상황에 따라 디퍼렌셜 락을 On/Off 할 필요가 없는 기계식 AWD 드라이브 트레인을 개발합니다. 원리는 토센 디퍼렌셜(LSD)을 센터와 리어에 배치하는 방법이었습니다. 그리고 전자식 다판클러치를 병행, 활용하는 AWD로 발전하다가 전자제어 프론

트/리어 디퍼렌셜 락을 추가하고, 4륜 벡터링 콰트로, 크라운기어 토센 '타입 C' 센터 디퍼렌셜을 통해 기계식과 전자식의 장점을 한데 모아 최신형 콰트로 시스템으로 발전하였습니다. 오늘날 독일 자동차 3사 벤츠, 아우디, BMW는 DTM(German Touring Car Masters)이라는 레이싱으로 그들의 자리를 더욱 공고히 하고 있습니다.

사람들은 세상이라는 무대 위에서 소품으로 활용할 진귀하고 값나가는 장치들을 필요로 합니다. 예를 들어 레이싱카 기술로 메이커가 스스로 튜닝하여 출시한 BMW M 시리즈나 AMG, 아우디 R8 같은 자동차를 몰면 마치 자신이 모터스포츠의 주인공이라도 된 것처럼 우쭐해지는 것입니다. 그런데 자동차를 세상의 평판이나 메이커의 홍보만 믿고 사다 보면 상술에 속아 넘어가는 경우도 많이 생깁니다. 예를 들면 랜드로버의 레인지로버 이보크가 이러한 부분에서 악명이 높습니다. 수많은 자동차 평론가들의 평가에 의하면 이 차는 평범한 기초스펙의 섀시와 바디에 가죽으로 마감하고, 멋진 모양으로 만들어 다른 평범한 SUV들의 두 배에 달하는 가격으로 팔면서, 제대로 무대 위의 소품이 되었다고 말합니다. 겉모양은 누가 봐도 제대로 된 SUV임에도 말입니다. 고급스러운 인테리어와 디자인임에도 '차가 비싸다'라는 의견에 이의를 제기하기가 어렵습니다.

1940년대 시리즈 1부터 오늘날까지, 군용, 상용, 레저용과 특수목적용, 럭셔리까지 다양한 오프로드카를 개발해온 랜드로버의 4륜구동 체계는 제2차 세계대전 때 쓰던 미군의 군용 지프의 초기 섀시와 드라이브 트레인에서 영감을 얻어 시작되었습니다. 초창기에는 기계식 파트타임 4WD에 디퍼렌셜 락 기능을 활용하였고 점차 LSD의 기계적 토크분배는 4륜 벡터링이라는 기술로 응용되었습니다. 그리고 최신 기술로 적용된 LSD에 전자제어 다판 클러치를 결합한 구조는 온로드뿐만 아니라 오프로드에서도 어느 정도의 역동성을 유지하는 데 도움이 되었습니다. 스태빌리티 컨트롤 시스템에 트랙션 컨트롤장치를 결합하였고, 전자제어 에어 서스펜션의 지형감지 반응을 활용하기에 이르러 승차감도 여러 가지 레벨로 조절할 수 있게 되었습니다. 랜드로버에서는 1970년대부터 레인지로버라는 별도 브랜드를 론칭하여 다른 SUV와는 차별화된 고급승용차 마

케팅을 시작했습니다. 이 레인지로버는 추후 영국 왕실의 의전차로 활용되며 더욱 고급화되었고, 차에 적용할 수 있는 고급 옵션은 거의 장착하게 되었습니다.

그러나 뭐든지 완벽할 수는 없듯 신형 모델 중 하나인 레인지로버 중에도 비교적 상위 모델 4.4리터 V8트윈터보 디젤 엔진 레인지로버 보그 바이오그래피의 경우, 아스팔트에선 승용차보다 나을 뿐 스포츠카만은 못하고 배기량과 토크의 힘으로 가속력은 좋으나 무게와 공기저항으로 그 힘도 자유롭게 쓰진 못한다고 합니다. 거창하게 만든 스태빌라이저 덕에 롤링이 적으나, 그 정도 바디컨트롤은 요즘 나오는 다른 고급승용차들도 다 가지고 있는 정도입니다. 수많은 레인지로버 오프로드 테스트 영상들, 그리고 각종 홍보영상에서 연출한 무대 세트장처럼 꾸민 환경이 아닌 실제 오프로드에 들어서면 얼마 가지 않아 허무하게 헛도는 바퀴에 실망하게 됩니다. 차에 설치된 토크벡터링 전자제어 장치는 2톤이 넘는 차를 오프로드에서 강한 토크로 역동성을 발휘하며 이끌기에는 역부족입니다. 차라리 영국인들 잘하던 과거의 기계식 4륜구동 체계를 시대에 편승하지 말고 특유의 '영국스러운' 고집으로 계속 발달시켰으면 지난날 랜드로버 선배들이 쌓아놓은 명성에 금이라도 안 갔을 텐데요.

결과적으로 자동차의 제어 시스템이 기계식에서 전자제어로 급변하는 이 시대에, 영국인들의 주특기가 아니었던 분야의 기술로 만능 자동차를 만들려다 보니 세팅에 어려움이 있었던 게 아닐까 생각합니다. 그러나 애초에 이런 휠-타이어를 달고 출시됐다는 것부터 이 차는 온로드 주행이 목적인 승용차라는 걸 무언으로 설명해주고 있습니다. 이 차의 유저들은 대부분 차가 아까워서라도 오프로드를 제대로 달려 보지 않았겠지만, 이 차를 최상의 오프로드 성능을 지닌 차라고 말하는 사람들은 아마도 메이커에서 시연 행사로 개최하는 오프로드 룩 체험장이나 그와 유사한 수준의 비포장길에서 차가 갈 수 있을 만큼만 세팅된 길을 달렸던 기억을 진짜 오프로드로 착각하는 게 아닐까 싶습니다.

사실 레인지로버뿐만 아니라 내로라하는 SUV들도 오프로드의 불규칙성 앞에서는 역동성에 한계가 있습니다. 특수차량도 함부로 못 가는 곳이 오프로드입니다. 그래도 이 차가 오프로드에서 조금이라도 나은 성능을 발휘하려면, 우선 전자동 모드에서 상상력으로 설정한 가상 세팅 외에, 오프로드의 실제 예외 상황을 위해 전자동에서 나와 매뉴얼 컨트롤을 허용해야 합니다. 지바겐 같은 경우 오프로드에서 타이어가 슬립 하는 경우를 대비하여 디퍼렌셜 락 버튼이 각각 센터, 리어, 프론트 3개로 나뉘어 있어 언제든지 필요하면 누를 수 있게 계기판 한가운데 자리 잡고 있습니다. 예쁜 다이얼을 돌리며 자갈길, 눈길, 모랫길을 선택하는 것은 매뉴얼이 아닙니다. 그런 건 세분화된 자동모드 셀렉터버튼일뿐입니다. 설계실 컴퓨터 앞에서 하는 상상력에는 한계가 있는 것입니다. 다만 일종의 후광효과로 '비싸니까 좋은 것'이라는 인식을 심어줄 뿐입니다. 이 차는 다만 온갖 고급가죽과 원목, 알루미늄 등으로 손수 마감한 인테리어 내장재를 두른 풀옵션 승용차를 2억 원 정도에 구입하는 것입니다. 조그만 에르메스 가방도 수천만 원에서 억대의 가격을 넘나드는 세상이니 럭셔리 마케팅의 세계는 오프로드 터프가이들의 가치관과는 맞지 않겠네요.

판타지 마케팅에 히어로 마케팅을 더한 또 다른 사례로 로터스의 엘리스를 들 수 있습니다. 이 차의 원가를 분석해보면, 소형승용차 부품을 활용하여 만든 위크엔드레이싱 입문자용 키트카 수준입니다. 스펙이나 디테일도 완전히 백야드 빌더입니다. 그런 걸 억대에 달하는 돈을 주고 사서 로드 레이싱 한다고 으스대는 사람들도 많습니다. 그래도 무게 성능비

를 살린 알루미늄과 플라스틱 바디에 리어 미드쉽 횡치엔진은 차를 더 가뿐하게 하여 운동성이 좋아지긴 했습니다. 그러나 차의 값어치에 비해 너무 비쌉니다.

돈으로 하는 '공도 위의 카리스마' 하면 아마도 페라리 F40은 그 시조할아버지쯤 될 것입니다. 포뮬러원 테크놀로지를 일반인에게 팔면서 대당 수억 원의 이윤을 얻었습니다. 억대의 이윤 하면 빼놓을 수 없는 대표모델이 포르쉐 911입니다. 독일 국민차 비틀을 튜닝하여 비틀의 열 배에 달하는 프리미엄 가격을 붙여 수십 년 동안 팔아온 사례입니다. 자동차에

대한 관점이 '~를 잘하는지' 보다는 '~를 잘하게 생긴 것'이 중요한 시대이니 메이커들이 이런 걸 만들어 많은 이윤을 챙기는 것을 나쁘게만 볼 수 없습니다. 그래도 본질을 알고 나면 소비자들이 자동차를 고르는 데 조금은 더 신중해질 것입니다. 실제로도 심리학적으로나 감성공학적으로도 폼나는 물건을 탔을 때 실력발휘는 더 잘된다고 합니다. 군인들도 장비가 폼나야 사기가 오르는 세상이니까요.

튜닝과 히어로 마케팅으로 70년 명맥을 잇고 있는 미니도 마찬가지입니다. 유저들은 미니에 존 쿠퍼 로고를 새기거나 레이싱 줄무늬를 칠하기도 합니다. 1940년대부터 발생한, 외형은 작고 실내는 넓은 차의 필요성을 느껴 설계된 소형 국민차들은 1960~1970년대에 큰 사랑을 받았습니

랠리 레이싱 튜닝카 정비팀

다. 특히 좁고 비탈진 데다 노면도 불규칙한 유럽의 도로 환경에서는 그런 작은 차가 유용하게 사용됐고, 아직까지도 대세입니다. 1, 2차 세계대전을 거치면서 황폐했던 영국의 경제를 되살리는 국민차 중 하나가 되었던 미니는 프랑스의 시트로엥이나 독일의 폭스바겐처럼 가난 속에서도 열심히 일하는 국민을 위한 또 하나의 애마였습니다. BMW에 인수된 후 요즘 나오는 신형 미니는 덩치도 엄청 커진 데다가 배기량과 출력도 높아져 스포츠카처럼 변했지만 그것이 현실적 마케팅 전략이었다면 과거의 미니카들에 대한 향수는 그냥 추억으로만 묻어 두는 게 현명할지도 모르겠습니다.

미니는 1960년대에 성공적으로 데뷔하여 2000년대까지 꾸준한 명맥을 유지했습니다. 회사가 독일로 팔리는 와중에도 디자인은 계승되어 신

미니 ▲ 과거와 현재 크기 비교 사진

세대 스펙의 뉴미니로 거듭났습니다. 그 이유 중 하나는, 존 쿠퍼가 970cc에 55마력으로 튜닝해 랠리경기에 나가 좋은 결과를 얻자, 그다음 경기에는 1,275cc 91마력으로 한층 더 업그레이드하여 출전해 몬테카를로 랠리경기를 석권하게 됩니다. 작은 체구에 비해 넘치는 파워를 선보인 이후로 미니에 대한 이미지는 싸구려 국민차의 한계에서 벗어나게 되었고, 이는 미니가 스포츠카로 인식되기 시작한 배경이 되었습니다. 이제 뉴미니는 초창기의 이미지처럼 검소한 국민차가 아니라, 성공한 젊은이나 전문직 종사자를 상징하는 컨셉으로 완전히 바뀌었습니다.

튜닝카들의 성공 유무를 떠나 세계의 튜닝카들은 자동차산업의 기술적 진보를 이끌고 있습니다. 성공사례는 성공사례대로 쓸모 있고, 실패사례도 중요한 교훈과 경고를 남기며 자동차산업과 기술이 나아갈 방향을 제시해 줍니다. 레이싱팀에서 만드는 레이싱카들은 트랙에 올라서고 경기에 참가하기까지 레이싱 서킷에 관한 각종 제한을 충실히 따릅니다. 마찬가지로 대량생산 자동차메이커가 생산하는 스포츠카 디자인은 나름대로 도로와 자동차산업 등의 규제를 따르고 있습니다. 이른바 '트랙데이'를 즐기는 모터 마니아들은 도로에서도 통하고 트랙에서도 통하는 제한된 규격과 성능의 차를 타고 즐기기도 합니다. 그들의 차는 별도로 주문 제작한 수제키트카이기도 하고, 값비싼 슈퍼카이기도 하지만 대부분 튜닝카입니다.

하지만 튜닝카로 모터스포츠를 즐기는 사람들의 대다수가 서킷과 도로를 구분하지 못하고 공도 상에서 하찮은 자존심을 내세운 위험한 레이싱을 하기 때문에 튜닝카를 바라보는 시선이 곱지만은 않습니다. 아무리 슈퍼카를 타거나, 수제 커스텀 메이드 풀 튜닝 스포츠카를 타더라도 주행 매너를 지키지 않으면, 결국 값어치 없는 물건으로 전락해버립니다. 성능 좋은 자동차의 기계적 요인들 외에 운전자의 주행 태도에서도 좋은 차와 아닌 차를 구분하는 또 다른 기준이 생깁니다. 좋은 운전습관이 좋은 차를 만드는 것이지요. 스펙 상으로 좋은 스포츠카를 만들기 위해서는 엔진, 타이어, 섀시를 잘 만들면 되겠지만, 그런 물리적 요인보다 오히려 운전감성이나 인간의 정서적인 면이 반영된 승차감이라는 측면에서 세밀한 감성공학적 접근이 이루어져야 할 것입니다. 예를 들어 거칠게 세팅된 차는 운전자를 쉽게 흥분하게 만들고 본능적으로 난폭운전을 유도합니다. 그렇다고 너무 무난하게 세팅을 한다면 유저가 운전하는 재미를 느끼지 못하게 됩니다. 이 딜레마를 해결하는 게 공도를 달리는 자동차 튜닝의 숙제입니다.

튜닝의 원칙

자동차 튜닝과 자동차산업은 밀접한 관계를 맺고 있습니다. 튜닝의 순서를 논할 때 하체(자동차 섀시프레임 관련 부품) 강화 후 엔진 튜닝을 하는가? 혹은 엔진 출력부터 올린 후 부족한 하체를 보강하는가? 등의 문제는 큰 의미가 없습니다. 과거엔 자동차메이커마다 기술에 차이가 있다 보니 어떤 차는 출력부터 손보고 어떤 차는 서스펜션부터 손보는 식으로 작업 방식을 달리했으나, 이제는 대부분 메이커의 디자인이 이미 튜닝카 못지않으며, 튜닝이 다 되어 나오기도 하고, 기능은 상향 평준화되어 있습니다. 엔진도 엔진 나름이고 하체도 하체 나름입니다. 튜닝 프로세스의 순서를 따질 게 아니라, 차를 고를 때 자신이 원하는 취향과 용도에 맞는 것을 고르고, 부족한 부분만 보완하는 정도면 되는 세상입니다. 과거와 달리 지금은 데커레이션 아트 정도의 손길만을 대든 하드코어 업그레이드를 하든 볼트온 패키지도 많고 부품도 다양한 세상이니까요. 결국 자동차의 튜닝 프로세스를 굳이 따진다면 자신이 추구하는 지향점을 먼저 아는 것이 순서입니다.

자동차 튜닝은 차주의 의도에 따라 성능이나 승차감 또는 연비, 완전개조 등 몇 가지로 나눌 수 있겠지만 지켜야 할 원칙이 존재합니다. 그 원칙을 나열해보면 다음과 같습니다.

1. 서스펜션과 바퀴 정렬

자동차가 바퀴로 이동하는 한, 가장 기초적이면서 중요한 부분입니다. 자동차는 차바퀴(휠, 타이어, 브레이크, 서스펜션) 관련 사항만 제대로 세팅해도 바퀴의 회전저항 및 커브에서의 슬립 등 여러 가지가 개선되며 순정 엔진 상태에서도 매우 향상된 성능을 보입니다. 일반 소형승용차는 흔히 스트럿 방식으로 구조가 간단하고 제조원가가 절감되어 제조사 입장에서의 비용효과는 있으나, 튜닝을 목적으로 하기에는 한계가 있습니다. 반면에 더블 위시본 구조의 서스펜션은 운동성이 좋아 스포츠카나 고급 승용차에 주로 사용되는 방식입니다.

하체 튜닝 시, 겉으로 드러나는 시각적 요인 중에 휠의 형상과 타이어의 폭이 중요한 변수가 되는데, 자동차의 섀시와 서스펜션계통에 안 맞는 크기의 휠을 무리하게 장착할 경우, 외관은 우람해지겠지만 성능이 나빠질 수 있습니다. 절대로 빈약한 하체에 무리한 휠을 장착하지 말아야 합니다. 휠은 가능한 한 가볍게, 타이어는 운전습관에 맞추어 소프트 혹은 하드 타입을 적절히 선택해야 합니다. 적정 타이어, 정격 휠, 튼튼한 서스펜션, 그리고 브레이크, 이 네 가지가 튜닝의 제 1기초사항입니다. 브레이크 선택 시에도 차의 무게와 출력 그리고 운전자의 운전성향에 따라 균형을 잡아야 합니다(본문 154페이지 '서스펜션'에 계속).

2. 엔진과 기어비

엔진은 흔히 NA[14] 튜닝이라 하여 흡배기계통을 손봐서 원활한 공기 흐름을 유도해 엔진의 성능을 효과적으로 발휘하게 하는 튜닝이 있는가 하면, 엔진성능을 더 올리기 위해 강제흡기[15] 시스템으로 엔진을 개조하는 경우가 있습니다. 또는 일시적으로나마 니트로옥사이드 가스를 연소실로 강제 분사하여 흡기공기냉각 및 다량의 산소공급으로 엔진 출력을 폭발적으로 향상시키는 경우도 있습니다. 그 외에도 아예 한 차원 더 높은 엔진으로 교체하는 엔진스왑을 하기도 합니다.

그러나 엔진 못지않게 엔진의 회전수와 토크를 적절히 운용하여 차의 무게와 속도 및 주행저항에 대해 적절히 반응하도록 하는 것 또한 튜닝에서 중요한 부분입니다. 이 역할을 담당하는 파트가 기어박스입니다. 차의 가속력은 주로 토크와 관련됩니다. 엔진이 차축을 돌려주는 힘이 강하면 가속력이 좋은 차가 되지만, 엔진 출력에는 한계가 있으므로 기어박스를 장치하여 힘과 속도의 관계를 조절합니다. 그러나 가속력은 최고속과 상충하는 문제가 생기는데요, 엔진 회전수를 무한정 올릴 수 없는 문제이므로 강한 토크와 가속력 위주의 기어비 세팅은 상대적으로 낮은 최고속을

---

14) Naturally Aspirated engine(자연흡기 방식 엔진): 흡기관, 스로틀밸브, 서지탱크, 흡배기포트, 캠 샤프트와 흡배기밸브, ECU(Engine Control Unit), 실린더내벽, 피스톤형상, 커넥팅로드, 배기 매니폴드, 스포츠촉매, 중통, 엔드머플러를 튜닝하는 방법.

15) 과급기 엔진: 앞에 말한 NA 튜닝에서 흡기계통을 터보차저 또는 수퍼차저의 방식으로 압축공기를 만들고 압축열로 데워진 공기는 다시 냉각하여 산소밀도를 올리는 인터쿨러를 추가. 최종적으로 더 많은 산소공급을 통해 엔진의 실린더 내부 폭발력을 상승시키는 방법.

의미하기도 합니다. 이것저것 고민하기는 싫고, 가속력과 최고속 모두를 얻고자 한다면 엔진을 대용량으로 하고 기어비를 롱 타입으로 해버리면 될 것입니다. 보통의 슈퍼카들이 그런 식입니다.

그러나 슈퍼카 기어박스의 기술은 그리 단순하지 않습니다. 슈퍼카에 많이 활용되는 F1카 기술의 경우를 예를 들면 기어박스는 매우 중요한 역할을 합니다. 섀시 프레임이 따로 없다시피 한 F1카의 리어 서스펜션은 기어박스 외부에 바로 장착되어있습니다. 기어박스 내부에는 7단 이상의 전진기어와 1단의 후진기어가 세팅되어있고 회전형 기어 셀렉터로 0.02초 이하의 속도로 기어변속을 합니다. 그러나 주행상황에 적절한 기어비와 변속 시기의 선택에 의해 주행성능은 크게 차이가 날 수 있습니다. 헤어핀 커브를 60km/h 정도로 돌다가 순식간에 300km/h 이상으로 가속하는 F1카의 주행에서 기어비는 엔진 성능을 최대로 활용하는 데 도움을 주며, 운전자는 능숙한 솜씨로 정확한 시점에 기어변경을 해야 합니다. 조금이라도 변속조작이 빠르면 엔진이 힘을 잃어 차의 가속에 문제가 생기며, 반면 잠깐이라도 늦으면 엔진은 레드존까지 돌면서 귀중한 랩타임이 지체됩니다. 과거의 F1머신은 한 손은 핸들을 잡고 한 손은 기어 레버를, 그리고 오른발과 왼발은 클러치와 액슬, 브레이크를 조절하느라 핸들링 집중도가 떨어졌습니다. 그러나 오늘날의 F1머신들은 오로지 가속과 변속에만 집중할 수 있는 세미오토매틱 패들시프트 기어레버로 인해 왼발은 브레이크를, 오른발은 가속페달을 밟고, 두 손은 모두 핸들을 잡은 채 손가락으로 기어변속에 집중할 수 있습니다. 그리고 대략 20여 년 전부터 승용차 메이커들도 그런 패들 시프트 기어변속 레버를 스티어링 핸들 뒤에 하나둘씩 장착했습니다(본문 122페이지 '파워 트레인'에 계속).

3. 에어로파츠

흔히 에어댐/스포일러 등을 겉치레로 장착하는 경우가 많은데, 에어로파츠를 드레스업 차원으로 오인해서는 안 됩니다. 서스펜션 튜닝 시 로우어링 작업 정도만 해도 차바닥 진공효과로 인해 일반 공도 주행에는 충분한 다운포스가 발생합니다. 따라서 승용차 튜닝에서는 에어댐이 불필요한 경우가 있습니다. 그러나 극단의 속도를 목적으로 한다면, 로우어링과 에어로파츠를 적절히 배치하여 차의 공기저항대비 다운포스 효과를 최적화하는 튜닝이 필요합니다. 요즘에는 비행기 날개의 조종 장치처럼 다운포스윙을 가변익 형상으로 속도에 따라 반응하게 하는 시스템도 도입되고 있습니다. 프론트 사이드 에어스커트와 리어 디퓨저 및 스포일러와 GT윙, 카나드 사이드포드 같은 다양한 에어로파츠들이 애프터마켓에서

C63 AMG ▲ 양산승용차 에어로파츠 튜닝 사례

활발히 거래되고 있습니다(본문 86페이지 '유선형 바디'에 계속).

4. 자동차 무게

영국의 로터스 사는 자동차설계 시 엔진의 성능보다는 차의 무게에 더 관심을 가져왔습니다. 그 결실 중 하나가 우리가 흔히 볼 수 있는 앨리스(일명 엘리제)입니다. 앨리스가 1.8 또는 2.0급 엔진으로도 240km/h의 속도와 레이스카에 버금가는 가속성능을 내는 게 가능했던 이유는 상대적으로 가벼운 차 무게 때문이었습니다. 승용차를 스포츠카 수준으로 튜닝할 때 서스펜션과 엔진관련 계통을 다 손봤는데도 차가 제 성능을 발휘하지 못하면, 차 무게를 줄여야 한다는 건 이젠 튜닝 마니아들 사이에선 상식으로 통합니다. 차 무게를 줄이기 위해서는 차체의 불필요한 부분을 다 떼어내는 방법과 후드같이 무거운 외형 파츠들을 경량소재로 교체하는 방법이 있습니다. 그러나 무게보다 더 중요한 것이 무게분포입니다. 지면으로부터 너무 위로 뜨지 않게 하고, 차 중앙으로 무게를 모아야 합니다.

경량화로 효과를 봤던 로터스 자동차

닛산 GTR ▲적정 자동차 무게를 얻기 위한 하나의 시도

무게분포가 나쁘면 조향성능이 불량해지고 돌발 상황에 대처할 능력도 잃게 됩니다. 자동차의 출력효율을 극대화하려면 경량화와 유선형화는 필수입니다.

그러나 고속으로 주행할수록 가벼운 차는 속도의 제곱만큼 위험에 노출됩니다. 경량화한 차량으로 시속 200km/h 이상의 속도로 주행한다는 건 공기와 접지를 제대로 컨트롤 하지 못하는 이상 실로 목숨을 건 주행이라고 봐야 합니다. 로터스의 스포츠카 시리즈들처럼 800kg 수준의 무게에 200마력 정도면 무게 성능비만큼은 슈퍼카급인 셈입니다. 그러나 로터스를 슈퍼카라고 보는 사람은 별로 없습니다. 고급스럽지도 않고 스펙이 훌륭하지도 않은 이 차는 가벼운 무게로 인해 속도가 빨라질 수 있는 반면에 오히려 접지가 불안정해져 고속 안정성이 다른 슈퍼카들에 못 미치므로 카레이서 수준의 운전자라 해도 이 차를 슈퍼카처럼 몰기 어렵기 때문입니다. 서스펜션이나 차의 하중분포 그리고 바디 유체역학 등 자동차 엔지니어링 전반에 걸친 세심한 세팅에도 한계가 있습니다. 유선형 바디가 공기를 완벽하게 제어하여 항상 다운포스를 유지해준다는 보장은 더더욱 할 수 없는 현실입니다. 온도, 습도, 분진, 타이어의 상태 그리고 공기라고 하는 것은 시뮬레이터나 풍동실험실 또는 주행 시험장에서 테스트 몇 번 해보는 정도만으로 정복할 만큼 단순한 상대가 아니기 때문입니다. 그것들은 변덕스럽고 불규칙하기가 상상을 초월하기 때문에 최소한의 안정성을 얻기 위해서는 자동차 무게를 마냥 가볍게 할 수는 없습니다.

그렇다면 공기를 가르는 고속주행에서 안정성을 기대해볼 차선 대책은 오히려 차의 무게를 필요한계까지 늘리는 방법이 아닐까요? 이 생각이 맞다면 과연 적정 중량은 몇이고, 그 중량의 필요한계와 주행조건의 함수 관계는 어떠할까요? 그러나 이 또한 중량에 의한 관성이라는 변수가 존재하므로 무게에도 한계를 두어야 합니다. 이런 의문에 대해 닛산에서는 GT-R을 통해 나름의 답을 제시했었습니다. 테스트장소는 독일 너버그링 서킷, 차 무게는 1.7톤+, 로터스의 두 배, 타깃으로 삼았던 포르쉐 911은 1.5톤 내외, 그러나 GT-R은 이론을 명확하게 증명하지 못한 채 나름의 관심을 끄는 정도에 머물렀습니다. 1.7톤이라는 무게는 빠르고 날렵함과 다소 거리가 멀어 보였습니다. 포르쉐는 충돌 시 운전석으로 접히는

무게 성능비에서 비교적 만족도가 높은 페라리 승용차

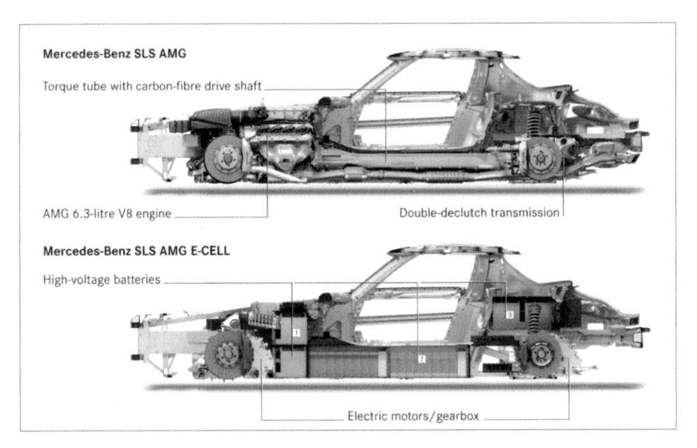

출처: 메르세데스 벤츠

구조적 취약성이나 RR 레이아웃[16]의 핸디캡을 제외한 무게 성능비에서는 오히려 적절한 중심점을 잡은 듯 보입니다. 그러나 한 단계 더 가벼운 페라리 488처럼 공차 중량 1.3톤 수준에 무게분포를 중앙에 집중시키는 미드쉽 레이아웃이어야 무게 성능비가 좀 더 적절합니다.

보통 엔진과 기어박스의 무게는 300kg 내외로 자동차에서 차지하는 무게 비중이 크다 보니 자동차는 엔진의 위치를 기준으로 자동차의 타입을 분류해 왔습니다. 무게 배분이 좋은 스포츠카 중엔 앞바퀴와 뒷바퀴 사이

16) rear engine rear wheel drive type car layout: 뒷바퀴 뒤에 엔진이 있고 뒷바퀴를 구동하는 방식의 자동차 레이아웃.

에 엔진이 놓이면 미드쉽 스포츠카로 분류하는데, 엔진 위치가 뒷바퀴 쪽이면 리어 미드쉽, 앞바퀴 쪽이면 프론트 미드쉽이라고 합니다. 그리고 프론트 미드쉽 스포츠카들은 엔진과 기어박스를 분리하여 엔진을 앞에 기어박스는 뒤에 놓기도 하는데, 대표적으로 벤츠의 AMG-GT를 기어박스 분리형 프론트 미드쉽으로 볼 수 있습니다. 물론 역사 속의 클래식 승용차들은 대부분 프론트 미드쉽이었습니다. 그러나 옛날 차들은 주철로 만든 엔진블록과 기어박스가 수백 킬로그램이 넘었고, 무게중심도 높아서 고속주행에는 여러모로 불리했습니다. 점차 엔진은 알루미늄 합금이나 엔지니어링 플라스틱, 카본 파이버 복합소재 등으로 대체되면서 경량화되었고, 기어박스도 엔진과 분리하여 무게를 앞뒤 바퀴 사이에 골고루 분산시켰습니다.

자동차를 튜닝하기 전에 우선 분명한 목적을 세워야 합니다. 겉모양만을 생각하여 유체역학을 고려하지 않은 무리한 에어로파츠 드레스업으로 공기저항은 증가하고 바디의 안정성이 무너져 달릴 수 없는 차가 된다거나, 엔진 출력만을 중시하다가 작업결과가 생각처럼 순조롭게 세팅되지 않아 나빠진 내구성과 악화 된 연비에 후회한다거나, 순간적인 판단으로 하드쇽 달고 심하게 로우어링 했다가 레이싱트랙과 상황이 다른 일반도로에서 차바닥에 손상을 입고 가슴 아파한다거나, 빛의 방향과 적정 초점을 고려하지 않은, 단순히 밝거나 파랗기만 한 짝퉁 HID 램프를 달았다가 교통경찰의 단속에 걸려 벌금 내고 정상 램프로 바꿔 달거나, 초광폭 휠과 타이어로 폼 내려다가 연비는 높아지고 차는 차대로 안 나가서 낭패를 보는 등, 우리 주변에는 실패한 튜닝카들이 의외로 많습니다. 그래서 나온 말이 "튜닝의 종착역은 순정으로 원상복귀 하는 것이다."입니다. 이는 허무한 심정을 토로하는 말인 것 같습니다.

당연히 튜닝의 끝은 원상복귀가 아닙니다. 튜닝은 장난감 조립하듯 남들이 좋다고 하는 부품들로 함부로 바꿔 달고, 덧붙이는 단순한 작업이 아닙니다. 튜닝은 상당한 인내와 노력이 필수적으로 요구되는 끈질긴 테스트와 개선의 연속이죠. 그렇게 해서 얻어진 튜닝의 최종상태는 그 자체가 하나의 완성이고 더 이상 손볼 곳 없이 만족스럽게 목표에 부합하는 잘 세팅된 차를 말합니다. 기타리스트가 연주 전에 기타 줄을 조율(튜닝)하는 것과 마찬가지입니다. 잘 조율된 기타가 정확한 소리를 내듯, 잘 조율된 자동차가 운전자의 의도대로 굴러갑니다. 자동차 튜닝의 기본은 차주의 의도에 맞게 자동차를 조율하는 것입니다. 튜닝의 세부사항으로는 스타일튜닝, 인테리어, 퍼포먼스, 연비, 승차감 등 여러 가지를 생각해야 합니다. 하지만 대개의 튜닝 마니아들의 기본 목표는 퍼포먼스(성능)입니다. 그리고 성능튜닝은 대체로 내구성과 경제성이라는 두 가지 방향이 있습니다. 성능에 고른 균형을 잡은 차가 표준형 양산차라면, 첫째 순정차량 상태에서 성능을 향상시키되 내구성에 문제가 생기지 않도록 튜닝하는 방향과, 둘째 트랙에서 단 한 번의 경기만을 하고 차가 망가지는 한이 있더라도 최대한 성능에만 집중하는 방향입니다. 하지만 대부분 적당한 선에서 차를 오래 쓸 생각으로 무리하지 않고 튜닝을 하게 됩니다.

Ⅱ

인사이드 of 자동차 디자인

유선형 바디

튜닝을 통해 얻은 힘과 균형으로 차를 잘나가게 하는 것도 중요하지만, 유선형 바디가 주행성능에 미치는 영향 또한 상당합니다. 유선형 바디는 잘 튜닝된 서스펜션계통과 어우러져 주행성능 효과를 극대화할 수 있기 때문입니다. 자동차 엔지니어링에 있어서 공기저항 계수를 심각하게 고려한 시기는 1930년대부터입니다. 20세기 초부터 항공 산업이 급격히 발달하면서 비행기의 유선형은 거의 모든 공산품 스타일링에 영향을 주었고, 그중 가장 많은 혜택을 본 물건은 자동차였습니다. 모든 사물에 대해 유선형을 추구하던 1930년대 미국의 발명가이자 건축가였던 버크민스터 풀러(Richard Buckminster Fuller)는 'design science'의 모토 아래 에너지와 최소한의 재료를 사용해 최대의 효율을 위한 아이디어를 구체화하기 위한 고심 끝에 'dynamic'과 'maximum efficiency'의 합성어로 'Dymaxion'이라는 말을 지어내어 그 이상을 따라 고안한 신개념(당시로서

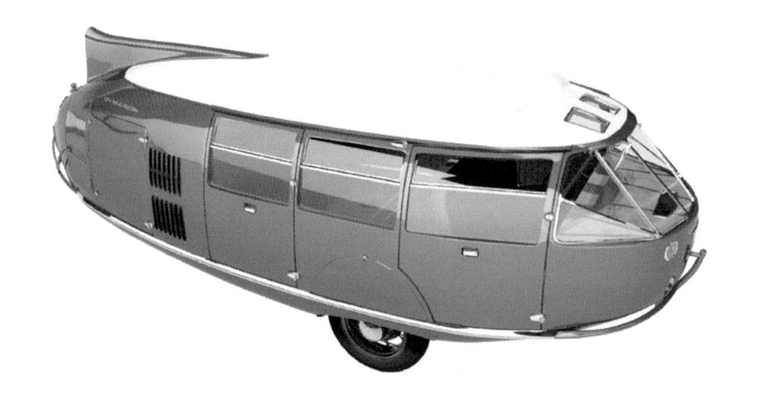

는) 자동차를 만들었습니다. 그 자동차는 결과적으로는 인간공학적으로 중대한 실패와 교훈을 남긴 사례였지만, 기술적으로 볼 때는 당시(1933년) 기록으로 이 차의 성능은 193km/h에 제로백은 3초대, 그리고 연비는 12.8km/l의 경이적인 기록을 냈었습니다. 고작 80~90마력의 엔진으로 6m에 달하는 거대한 차를 그토록 빠르게 달리게 한 힘은 유선형 바디 디자인에서 나왔었습니다.

이 차는 리어싱글휠스티어링(후륜조향장치)이라는 치명적인 문제를 안고 있었습니다. 공간과 규격이 제한된 도로에서 그렇게 빠른 차를 뒷바퀴로 조향한다는 것은 매우 반직관적이어서 조종성에 심각한 위험요인이 되었습니다. 아주 느린 속도로 U턴을 할 때는 유리했지만, 후륜조향장치의 구조는 좁은 도로에서 사용되기에는 부적합했습니다. 비록 그 아이디어가 비행기에서 파생되었다지만 현실적으로 도로의 폭은 비행기의 활주로나 배의 항로처럼 넓지 않기 때문이었습니다. 결국 시카고 월드페어에서 이 차의 퍼포먼스 주행을 통해 운전자는 생명을 잃고 탑승원들의 치명적 부상으로 생산계획은 전면취소되었습니다. 반직관적 조종성 문제 외에도 경비행기 만들 듯 짠 나무 프레임이 고속주행 중 다른 자동차와 추돌하면서 구르는 사고에 대한 대비책도 취약했었던 것입니다. 이 차는 단 3대의 프로토 타입이 만들어졌으며 두 대는 파손되고 남은 한 대만 미국의 자동차박물관에 전시되어있습니다. 다이맥숀카 프로젝트는 하나의 실험적 모험으로 끝났지만, 최소의 에너지와 최대의 효율을 추구하기 위한 에어로 다이내믹 컨셉은 아직까지 자동차 개발자들에게 귀감이 되고 있습니다. 동시에 안전설계에 대한 절실한 필요와 직관적 조종성에 대한 문제도 지적해주는 역사적 사례입니다. 과거의 이런 경험들이 모여 자동차의 유선형 설계는 더욱 신중해졌고 그 효과 또한 빠르게 반영되었습니다.

자동차 바디공학에 있어서 공기 저항력은 자동차 속도가 빨라질수록 기하급수적으로 증가하며 일상적인 주행속도에서도 주행저항의 과반수를 차지하는 중요한 부분입니다. 공기저항은 속도에 대한 제곱 배로 주행저항을 발생시킵니다. 예를 들어 100km/h로 달리는 자동차의 공기 저항력이 80kg이라면, 200km/h에서는 640kg 수준의 주행저항을 발생시킵니다. 그러나 공기저항은 음속을 돌파할 때까지만 상승하고 음속 이후부터는 그다지 증가하지 않습니다. 따라서 초음속 항공기가 음속 1을 돌파한 후부터는 음속 2나 3을 돌파하는데 필요한 건 공기저항 감소를 위한 유선형보다는 엔진의 추진속도가 더 필요한 상태가 되죠. 하지만 일반 제트엔

양산차 메이커의 전기자동차 개발을 위한 유선형 실험장면

진의 추진속도가 마하 2를 넘기는 건 유체역학적으로도 모순된 결과입니다. 그래서 램제트니 스크램제트니 로켓엔진이니 뭐니 하며 극초음속 엔진을 개발하는 것입니다. 그러나 자동차가 지면을 초음속으로 달리는 것은 보편적 상황이 아니므로 우리가 생각하는 튜닝 자동차 수준에서는 음속 이상의 유선형에 대한 연구가 아직 필요하지 않습니다. 이러한 자동차 유체역학의 기본은 다음과 같이 세 가지 분야로 나눌 수 있습니다.

1. 전면 투영단면의 면적

자동차 공기저항의 첫 번째 요소는 전면 투영단면의 면적입니다. 좁을수록 공기저항이 적습니다. 자동차의 바디 형상은 다운포스를 유도함과 동시에 전방의 공기를 효과적으로 가르기 위해서 70년대 이후 현재까지

거의 모든 자동차는 코를 낮추고 전면경사도 뒤로 눕힌 디자인을 유지해 왔습니다. 그러나 후면의 유선형 또한 전면 못지않게 중요하다는 것을 간과해서는 안 됩니다. 잘 설계된 유선형 바디는 후면 단면도 점점 작아지면서 에어리어룰[17]이 잘 지켜진 바디를 말합니다.

2. 구개비의 최소화

두 번째 요인은 표면 구개비의 최소화입니다. 즉 자동차 표면에 돌출부위와 표면요철을 최소화하는 것인데, 오늘날의 자동차들은 표면이 매끈하게 잘 만들어져 나옵니다.

3. 에어댐과 윙

세 번째 유선형 요인은 다운포스를 위한 에어댐과 윙입니다. 다운포스의 증가는 타이어의 접지력을 향상시켜 안전운전의 기본이 됩니다. 다운포스를 위한 공력설계는 필연적으로 공기저항 증가의 원인이 되므로 공기저항과 다운포스의 필요한계를 잘 찾아 꾸준한 실험을 통해 신중히 검토하여 적절한 합의점을 찾아야 합니다. 오늘날 잘 설계된 자동차는 별도의 부가 장착물 없이도 바디 자체가 다운포스를 유도하는 윙 역할을 하게 디자인되어 출고됩니다. 또는 비행기의 가변익 형상구조를 차용하여 주행속도에 따라 다양한 형태로 다운포스윙이 형상을 변화시키기도 합니

17) 투영단면적의 변화비례 균등의 규칙. 공기를 빠르게 가르는 물체의 투영단면적비가 균등할수록 속도에 대한 공기와 물체 간의 공진현상이 줄어드는 현상(본문 99페이지 '에어리어룰'에서 계속).

다. 이 때 자동차의 바닥 설계 또한 바닥면을 평평하게 잘 막아주어 차바닥을 이용한 진공효과로 얻어지는 다운포스를 충분히 살려야 합니다.

그러나 현재 도로 위를 달리는 자동차 중 스포츠카를 제외한 대부분의 차들은 이러한 아음속 유체역학을 어느 정도 무시한 채 외관 중심으로 만들어진 게 현실입니다. 소비자의 시선을 현혹하기 위한 드레스업 차원으로 디자인된 것입니다. 게다가 일단 만들어진 자동차의 차대나 바디 형상을 바꾸는 작업은 많은 비용이 들기 때문에 일반 개인은 하지 못하는 튜닝입니다. 따라서 튜닝을 전제로 자동차를 산다면, 엔진보다 바디의 유선형을 먼저 검토하여 구매해야 일이 좀 더 수월할 것입니다. 대개의 슈퍼카들이 차바닥 공력과 리어 디퓨저 및 다양한 가변익 다운포스윙과 바디

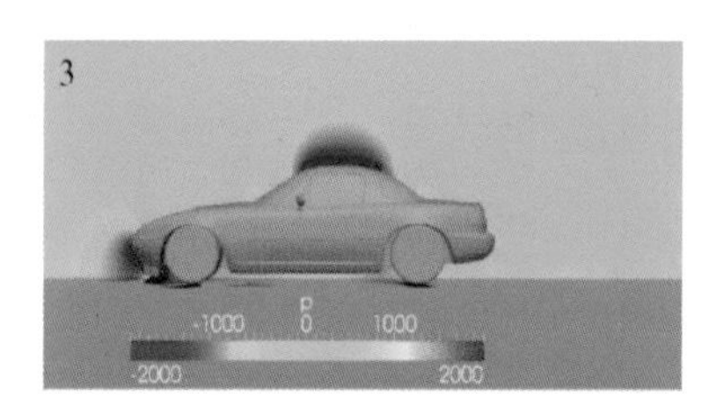

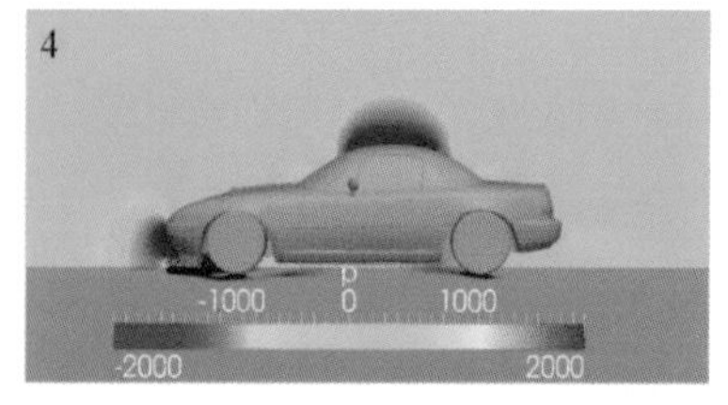

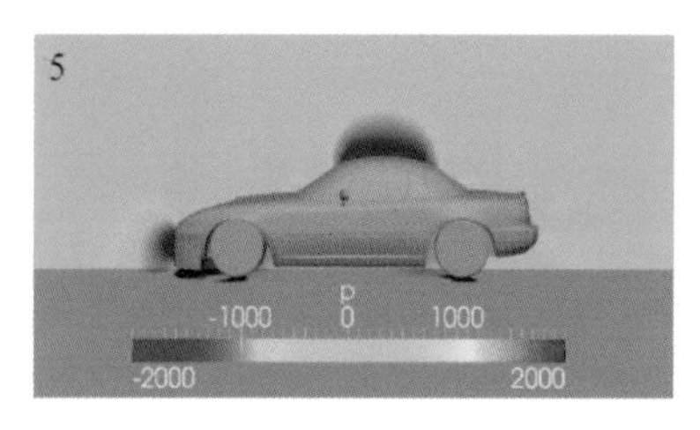

컴퓨터 시뮬레이터를 이용한 공기저항 분석

에어리어를 등 항공공학을 통해 얻은 공기 유체역학에 관한 지식이 총동원되어 출시되는 반면, 일반 양산승용차는 1톤~2톤 수준의 차 중량과 속도를 고려했을 때 유선형보다는 편의성과 충돌 시 안전에 더 치중하여 출시됩니다. 그리고 그런 양산승용차에서 유선형은 꼭 다운포스를 유도하기 위한 날개나 스포일러를 다는 것을 의미하는 건 아닙니다. 그런 부가장착물은 오히려 공기저항 증가의 요인이 되며, 다운포스 효과는 미미합니다. 일반 양산승용차의 유선형 튜닝을 통해서 얻는 이점은 승차감과 주행 안정성에 있습니다. 표면 돌기를 최소화하여 풍절음을 줄인다거나 공기의 흐름을 매끄럽게 해서 차체가 공기로 인해 떨리는 현상을 최소화하는 것입니다.

신형자동차 리어디퓨저와 가변익 타입 리어윙

▲스포일러(에어브레이크)와 다운포스윙 2가지 역할을 다 하며 직선주행 중에는 DRS(Drag Reduction) 모드로도 변환됩니다.

1920년대부터 1980년대까지 자동차 유선형에 대한 많은 일이 있었습니다. 총알형 비행기, 콕핏 스타일 자동차부터 노면 위로 공중부양하여 달리는 그라운드이펙트 자동차에 이르기까지 다양한 컨셉카들과 엔진 컨트롤 유닛[18]은 캬브레터를 대체했고, 트랜지스터 라디오는 자동차를 음악 감상실로 바꿔 줬습니다. 그 외에도 다양한 전자장비들이 자동차에 도입되면서 구시대의 자동차 부품들은 하나둘 박물관으로 보내져 역사가 되었습니다. 그리고 오늘날까지 레이싱카나 F1카에 사용되는 정교한 세미오토 기어박스와, 솔레노이드 밸브로 특성이 돌변하는 서스펜션, 전자제어 토크벡터링 트랙션 컨트롤이나, 신소재 브레이크시스템 등 갖가지 기술들이 슈퍼카들을 비롯해 대량생산 표준 자동차에 많이 적용되고 있습니다. 이러한 것들은 얼핏 눈에 안 띄거나, 있어도 인식하지 못한 채 자동차를 운전하고 다니는 세상입니다.

그러나 유선형 바디와 공기저항을 최소화한 디자인에 대한 부분은 유체역학에 대한 지식이 없더라도 "날렵하다"라는 시각적 느낌을 통해 알 수 있습니다. 자동차 유선형에 관한 관심은 1930~1940년대 항공공학과 엔진기술이 발달하면서 자연스럽게 무르익었고, 차가 빨라질수록 이러한 저 항력(less drag) 자동차는 더욱 필요해졌습니다. 그리고 오늘날 자동차들은 기본적으로 200km/h 이상을 추구하기 때문에(실제 도로는 안전에

18) ECU(Engine Control Unit): 지금은 전자 제어 장치라는 의미의 'electronic control unit'로 발달하는 추세. 즉 처음엔 엔진과 관련된 흡입공기량이나 점화 시기 등 엔진만을 관리하던 시대에서 지금은 자동차의 기어변속기나 ABS 제동장치 등 자동차 전반에 걸쳐 컨트롤을 하고 있습니다.

관한 문제로 속도제한이 있습니다), 자동차의 공기저항 최소화는 기본이 되었습니다.

자동차 표면에 난기류(와류)가 발생하면 공기저항이 증가하므로 자동차 표면의 요철을 최소화해왔습니다. 불필요한 구멍으로 인한 와류를 발생하지 않게 한다거나 스타일링에서도 불필요한 엣지를 만들지 않는 유체역학적 디자인의 치밀한 설계는 1980년대 들어 절정에 이릅니다. 그러나 1980년대의 엔진은 출력이 충분하지 못했으므로 공기저항을 최소화하는 게 중요했던 반면 오늘날의 자동차 엔진들은 공기저항을 이길 만큼 강력해졌기 때문에 공기저항이 생기더라도 다운포스를 더 향상시켜야 하는 상황에 이르렀습니다. 출력이 좋아 빨라진 만큼 타이어의 그립과 안정적인 핸들링이 더 필요해진 것입니다. 그러나 만약 자동차의 설계가 완벽하여 서스펜션이 항상 안정적인 핸들링을 유지하고 낮은 공기저항 계수와 높은 다운포스를 유도하는 상충 된 문제를 동시에 해결하는 절묘한 결과를 얻는다면 그저 그런 300마력 엔진으로도 오늘날 600마력을 넘는 중무장 슈퍼카들과 주행성능이 비슷해질 수도 있습니다.

오늘날 자동차 디자이너들의 유체역학에 관한 이해는 과거의 어느 때보다 높으며, 단지 멋을 위해 에어로파츠를 달고 스포일러를 디자인하지 않습니다. 자동차의 유선형이 제대로 틀을 갖추기 시작한 것은 1950년대부터라고 볼 수 있습니다. 예를 들어 자동차 디자이너 프랑코 스칼리오네는 제2차 세계대전 후 항공기 업계에서 자동차 업계로 전향했던 인물인

유선형 설계의 절정에 달했던 80년대, 올즈모빌 에어로텍(1987년).

데, 그는 비행기의 공기역학을 자동차에 접목하였습니다. 그의 유선형 디자인 논리는 모양만 그럴싸한 것이 아니고 실제로도 성능이 입증되어 낮은 공기저항 계수로 인해 엔진 출력을 충분히 활용할 수 있었습니다. 그리고 1920년대 폴 야라이의 유선형에 관한 연구 이후 1950년대 재규어 D 타입의 유선형 바디 또한 이전에 미처 고려하지 못했던 횡풍에 대한 연구와 더 튼튼한 모노코크 섀시를 적용하기에 이르렀습니다. 재규어 D 타입의 유선형 바디를 디자인한 사람은 제2차 세계대전 동안 영국 브리스톨 항공사에서 복역한 말콤세이어였습니다. 그는 차를 낮게, 그리고 프론트 노즈와 테일은 가능한 한 좁게 디자인하여 유체역학적 안정성을 얻었습니다. 당시 재규어의 엔지니어들은 그들의 직렬 6기통 XK 엔진의 높이를 더 낮게 재설계하는 추가적인 노력도 반영했습니다. 이처럼 항공 유체역학 기술들은 다양한 경로를 통해 자동차산업에 영향을 미쳐왔고, 현재 공기역학은 효율성과 스타일링 측면에서 자동차 디자인의 핵심이 되었습니다. 1920년대 타트라 자동차에서부터 비틀, 그리고 오늘날 맥라렌이나 베이론 페라리에 이르기까지 항공기 유체역학과 유선형에 관한 연구는 밀접한 관계를 맺고 있습니다. 레이싱 스포츠카들부터 승용차에 이르기까지 다운포스를 위해서 디퓨저, 카나드, 스포일러, 다운포스윙, 에어댐 등 온갖 아이디어들을 짜내고 있습니다.

제2차 세계대전 후 전후복원사업을 거쳐 1980년대에 이르기까지 자동차산업은 점점 무르익었으며 이윽고 일반 승용차에도 스포티한 이미지의 상징처럼 활용되는 '스포일러'라는 액세서리를 단 표준형 양산자동차들이 출시되기 시작했습니다. 그런 액세서리들은 리어윙도, 스포일러도 아닌 단지 허전한 뒷모습을 좀 더 스포티하게 보이기 위한 액세서리였지만, 엄밀히 따지자면 시속 100km에서 약 20~30kg 정도의 다운포스를 유도하기도 합니다. 게다가 몇몇 액세서리류 공력부착물들은 후면 와류를 조금은 줄여주어 전체적인 공기역학적 안정성을 유도할 수도 있습니다. 이렇게 사용되는 자동차 공력 액세서리류 중 대표적 사례인 스포일러와 다운포스윙의 차이점을 알아보겠습니다. 스포일러의 유체역학적 원리는(비행기의 스포일러(에어브레이크)와 같은 원리) 차 표면으로 흐르는 공기를 막아주어 차체 표면의 기압을 올리기 위한 "공기저항" 장치의 일종이고, 다운포스윙은 간단하게 비행기 날개를 뒤집은 형상으로 볼 수 있습니다. 스포일러는 전면 저항과 후면 와류에 의해 공기저항이 많이 발생해서 차가 빨라지는 데는 별 도움이 안 되지만 차의 표면에 기압차를 발생시켜

타이어그립을 얻기 위한 장치입니다. 상승하는 차체 표면 기압으로 인해 100kg 이상에 달하는 다운포스를 유도할 수도 있습니다. 따라서 스포일러는 윙처럼 붕 떠 있는 상태에선 효과가 없고 차 표면에 붙어 있어야 합니다. 같은 원리를 자동차 바디 전체에 확장해서 생각해보면, 자동차 내부의 기압을 낮추는 공기 차단 장치를 통해서도 다운포스를 상당히 얻을 수 있습니다. 프론트 사이드 에어댐 같은 것이 그런 경우입니다. 차 내부의 유입공기를 차단하면 내부 기압이 외부기압보다 낮아 자연스레 자동차 바디가 지면에 달라붙는 원리입니다.

오른쪽 위의 사진은 나스카의 다운포스용 스포일러로, 넓은 판을 자동차 표면에 붙여 뒤쪽 보닛에 공기압력을 올려 주는 장치입니다. 그러나 이러한 스포일러는 드래프트(draft: 견인효과)를 이용하며 달리는 나스카 레이싱처럼 앞차가 어마어마한 진공을 꼬리에 끌고 다니거나, 세단형 차의 개조형 레이싱카라서 지붕 끝선에서 이미 와류가 형성되는 타입의 레이싱카에 적당합니다. 따라서 뒷모습이 좁거나 유선형으로 쭉 빠졌거나, 그다지 고출력 엔진을 쓰지 않는 차들은 스포일러보다 리어윙을 달아 공기저항을 줄이고 필요

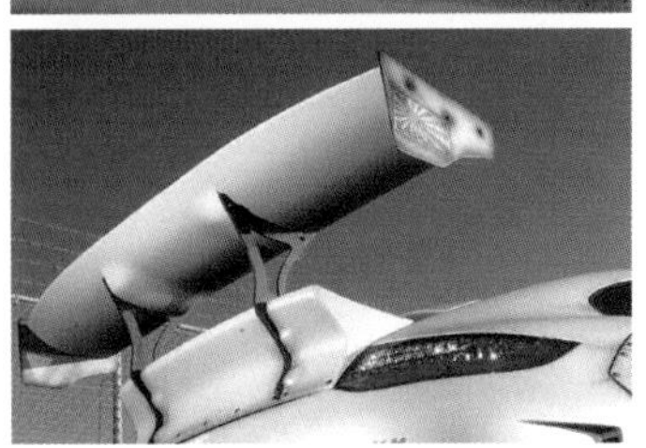

한 다운포스 또한 얻어냅니다. 윙의 다운포스 역학은 항공기의 날개를 뒤집은 개념과 같이 윗면과 아랫면의 기압차를 발생시킵니다. 따라서 스포일러에 비해 공기저항을 적게 하면서 다운포스를 유도할 수 있는 것입니다. 윙 자체가 얻은 상하면 기압차 및 공기에 대한 받음각으로부터 유도되는 다운포스를 차의 주행에 필요한 타이어 그립으로 전달하고 바디의 고속주행 안정성을 유도합니다. 다운포스윙은 자기 자신이 독립적으로 다운포스를 유도하고 브라켓이나 기타 윙 지지대를 통해 다운포스를 자동차 섀시에 전달해줍니다. 따라서 윙은 차 표면으로부터 유효거리 이상 간격을 띄어 장치해야 합니다. 반면 스포일러는 차 표면에 달라붙어 주행 중 차 표면의 기압을 올려 주는 장치로 자동차 동체에 다운포스를 유도하는 장치입니다.

왼쪽 사진은 1947년 동체가 부서질 것 같은 진동을 무릅쓰고 음속돌파에 성공했던 벨 X-1입니다. 그러나 이 비행기가 달성한 음속돌파는 항공기 엔지니어링의 승리라기보다 추진동력의 승리로 봐야 할 것입니다. 당시의 테스트 파일럿 척 예거는 운이 매우 좋았고, 기술팀은 동체를 무척 튼튼하게 만들었을 뿐, 엔지니어들은 당시만 해도 동체가 빨라질수록 진동이 왜 극심해지는지에 대한 명확한 원인 규명을 하지 못했습니다.

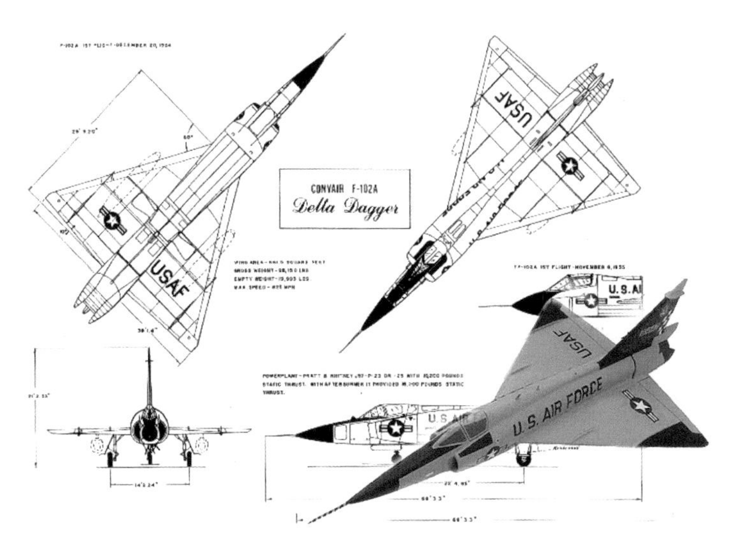

F-102A ▲ 에어리어룰 실험 성공사례

그러다가 델타윙(삼각형날개) 초음속기의 실험이 진행될 무렵 항공 역학에서는 에어리어룰(area rule)이라는 새로운 발상을 하게 되었습니다. 항공기의 머리에서부터 꼬리까지 날개와 동체를 포함한 단면적의 분포가 부드럽게 점진적으로 증가하고 감소하는 형상이어야 빠른 속도에서 공기로 인한 외부충격이 감소한다는 사실을 알아내게 되었습니다. 그리고 이내 완성된 F-102A 초음속 실험 비행기는 이상적인 에어리어룰의 단면곡선(앞뒤로 뾰족한 원통형의 가상 부피 공간)에 가깝게 날개의 면적이 넓어지는 만큼 동체 면적을 홀쭉하게 뽑아서 새롭게 디자인했고, 더욱 안정적인 유체역학적 흐름을 얻을 수 있었습니다.

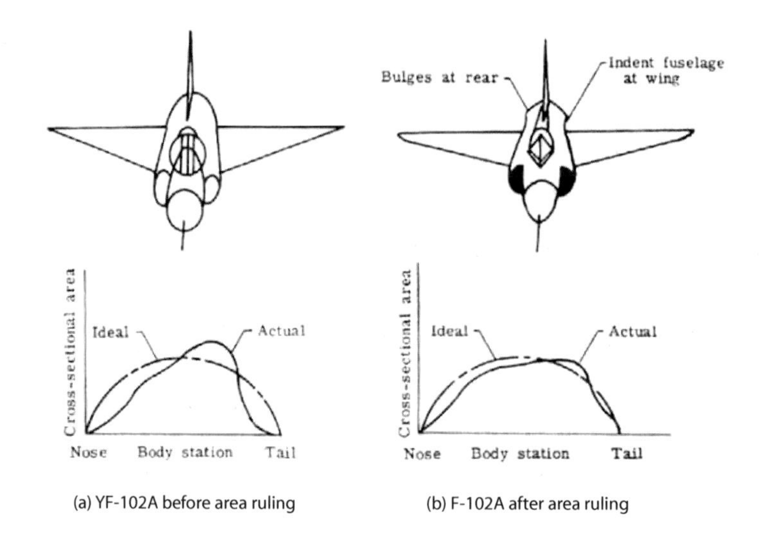

(a) YF-102A before area ruling　　(b) F-102A after area ruling

(a) ▲YF-102A 델타윙 실험동체는 X-1처럼 원통형 동체에 날개를 단순히 심어두는 구조로서 이상적 에어리어룰 곡선에 비해 상당히 불규칙한 단면적의 변화를 보여주고 있다.

(b) ▲F-102A 실험기의 동체는 날개의 앞끝부터 중앙동체를 홀쭉하게 변형하여 날개가 넓어지는 만큼 면적을 상쇄하는 효과를 얻어 아이디얼 커브를 따라 비교적 부드러운 단면적의 변화를 보여주고 있다.

1950년대의 이러한 항공기 유체역학의 진보 이후 항공기는 모두 에어리어룰을 지키는 것이 기본이 되었습니다. 벨 X-1은 body with bump 타입으로 동체표면에 작용하는 공기의 강한 웨이브를 이기고 억지로 음속에 도달했다면, F-102A는 비교적 동체의 요동이 적었던 것입니다. 그리고 공기저항은 마하 1을 안정적으로 돌파할 수 있었습니다. 그런데 음속의 $\frac{1}{10}$~$\frac{1}{5}$정도밖에 안 되는 상대적으로 느린 속도로 달리는 자동차 디자인에도 에어리어룰은 중요하게 작용합니다. 이유는 공기라는 물질은 단위 면적당 밀도가 매우 불규칙하고 압축성 유체이며, 유동기체이고 점성을 지녔기 때문입니다. 이것은 깃발을 들고 뛰면 그 깃발이 공기에 의해 펄럭이는 이유이기도 합니다. 자동차의 어설픈 바디라인은 펄럭이는 깃발 같은 공기운동을 유발할 수 있고, 불규칙하게 돌출한 자동차 표면의 돌기는 공기의 불규칙한 웨이브를 만들고 이 공기웨이브는 파동으로 전달되어 일정하게 자동차 표면을 치면서 차에 공기가 부딪히는 소리가 점점 증폭됩니다. 이 현상은 자동차 바디에 개념 없는 엣지를 디자인 하거나(엣지를 내려면 자동차의 진행방향으로 낼 것), 부착물을 불필요하게 많이 장착한 차일수록 더 심해지며, 자동차에 불규칙하고 극심한 공기저항도 유발하게 됩니다. 따라서 자동차 스타일에서 볼륨을 잡을 때는 운전공간이 미리 위로 돌출하는 만큼 허리를 잘록하게 하고 앞바퀴와 후드는 낮은 만큼 좌우로 퍼져야 하며 뒷바퀴와 루프의 마무리는 부드럽게 뒤로 빠져야 합니다. 그렇게 바디 스케일을 잡으면 아래의 재규어 XJ220처럼 됩니

재규어 XJ220

다. 스타일이 물찬 메기처럼 다소 느끼한 감은 있으나 이 차는 바디의 공기 안정성이 뛰어나서 이미 30년 전부터 370km/h의 속도를 냈었죠. 물론 모든 승용차가 300km/h 넘게 달리는 게 목적은 아니지만 에어리어룰은 100km/h만 넘어도 그 효과가 운전자에게는 감성적으로, 자동차 바디에게는 유체역학적 안정감으로 다가옵니다.

일반적으로 승용차 프론트 바디의 형상은 공기저항을 감소하면서 다운포스를 유도하기에 뒤쪽바디의 다운포스에 비해서는 비교적 단순한 레이아웃을 하고 있습니다. 대체로 납작하고 뾰쪽하게 생겼죠. 앞바퀴가 있는 전방 다운포스를 위해서는 프론트 바디의 공기유입은 꼭 필요한 만큼만 최소화하여 차체 내부 기압을 바깥보다 낮추어야 하며 내부로 유입된 공기량은 전량 배출되도록 설계해야 합니다. 그러한 공기관리를 반영한 전방 바디 형상은 다운포스 효과와 브레이크나 기관의 냉각 효과를 동시에 얻을 수 있는 좋은 결과를 냅니다. 일부 튜닝카들은 차 전방의 공기유입 덕트가 클수록 좋은 줄 알고 차 전방에 대형 덕트를 달아 유체역학의 이론에 정반대되는 엔진냉각 중심의 잘못된 튜닝을 하기도 합니다.

다운포스를 유지하기 위해서는 후드 아래쪽으로 유입되는 공기의 양보다 빠져나가는 양이 더 많아 차 내부 기압이 상대적으로 더 낮아지는 현상이 발생하도록 공기관리를 하는 것은 기본이며, 이러한 역학구조에 실패한 자동차 전방형상은 다운포스를 얻지 못하고 빨라질수록 그립이 약해지고 핸들링이 불안정해지는 위험을 초래합니다. 차 무게를 경량화하

미래형 에어로 다이내믹 레이싱 컨셉

포뮬러원 레이싱카

고 성능을 올린 고속형 스포츠카나 레이싱카는 다운포스에 더 민감해집니다. 앞면의 형상은 공기에 대해 받음각을 크게 유지하며 전방 하단으로 유입되는 공기의 양을 최소화해야 합니다. 전방하단의 공기유입량의 컨트롤은 바로 그라운드 이펙트로 이어지며, 차의 아랫면을 윗면보다 항상 낮은 기압을 유지하도록 도와주어 고속에서도 타이어는 그립을 유지하면서 안전하게 달릴 수 있습니다.

반복되는 말이지만, 만일 터보튜닝 등으로 전방 에어 인테이크를 확장하는 개조를 했다면 더 많은 공기가 차 내부로 유입되는 만큼 유입공기를 배출시키는 방안도 동시에 고려해야 합니다. 그렇지 않으면 차는 고속으로 갈수록 유체역학적 불안을 드러내게 됩니다. 또한 로우어링을 할 때 전방바디를 뒤쪽보다 더 낮추는 방법도 차바닥에 낮은 기압을 유도하는데 효과적입니다. 그러나 지상고가 높은 순정 자동차의 바디에 에어커튼이나 에어댐만 치는 것은 공기저항을 증가시킬 뿐 그다지 좋은 효과를 보기는 어렵습니다.

다음 도표와 그림은 브라이언 예거에 의해 연구된 인디카에 작용하는 다운포스에 대한 대략적 추정치를 보여주고 있는데, 인디카나 F1카 등 차 무게는 가볍고 속도는 빠른 자동차들은 상대적으로 다운포스가 크게 작용하도록 만듭니다. 그래서 동체의 거의 모든 부분이 다운포스를 위해 설계됩니다. 이러한 레이싱카는 기본적으로 주행 중 차바닥에는 진공을 유도하여 다운포스를 발생시키며, 전후방에도 대형 윙으로 다운포스를 추가합니다. 스피드웨이에서 주행할 경우 150mph(241.4km/h)에서 인디카의 대략적 다운포스가 1000lbs(450kg)를 넘기 시작하고 공기저항은 300lbs(136kg) 수준입니다. 그러나 200mph(321km/h) 전후에서는 속도의 제곱에 비례하는 다운포스에 의해서 사실상 차 무게를 초과하는 수준의 다운포스가 작용하게 됩니다.

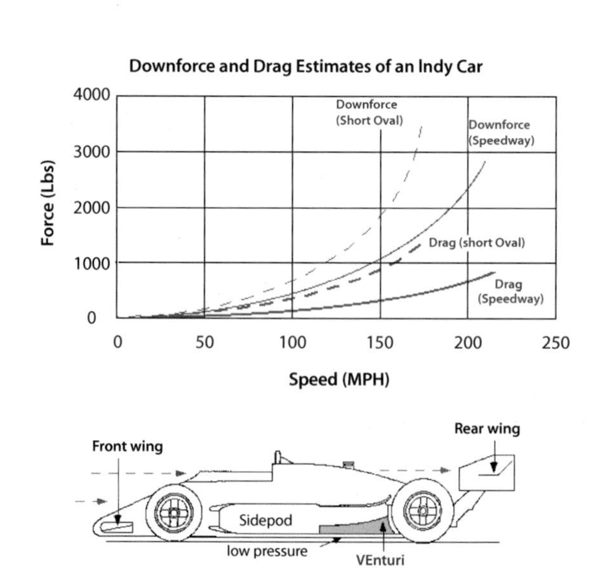

위의 도표상으로는 차 무게를 초과하는 다운포스는 원형트랙 경기장이라면 150mph 전후에서 발생하기 시작합니다. 자동차 유선형의 발달은 초기엔 낮은 엔진 출력으로도 빨리 달리기 위한 공기저항 감소에 주목적이 있었고, 엔진의 출력이 점차 강해지면서 다운포스를 유도하여 타이어의 트랙션을 얻는데 더 중점을 두던 시기를 지나, 오늘날은 공기저항을 줄이면서 에너지 낭비를 억제하고 동시에 다운포스를 통한 주행 안정성을 동시에 얻는 방향으로 발달하고 있습니다. 상황에 따라 날개를 접었다 펴는 기술은 물론이고 바디의 외관이 속도에 따라 변화하는 미래의 자동차도 예상됩니다.

저 항력 디자인 실물 분석사례

레이아웃

드라이브 트레인은 동력원으로부터 바퀴까지 동력을 전달하는 기구를 말하는데, 자동차의 레이아웃은 동력의 위치와 드라이브 트레인이 동력을 전달하는 바퀴의 위치에 따라 FF, FR, MR 등으로 분류합니다.[19] 자동차의 동력전달은 앞바퀴나 뒷바퀴를 굴려서 추진력을 얻는 2륜구동 방식과 네 바퀴 모두에 동력을 전달하는 4륜구동 방식이 보편적입니다. 특수 자동차의 경우는 이와 다른 다양하고 독특한 여러 가지 방법도 있으나 일반적인 상황은 아닙니다.

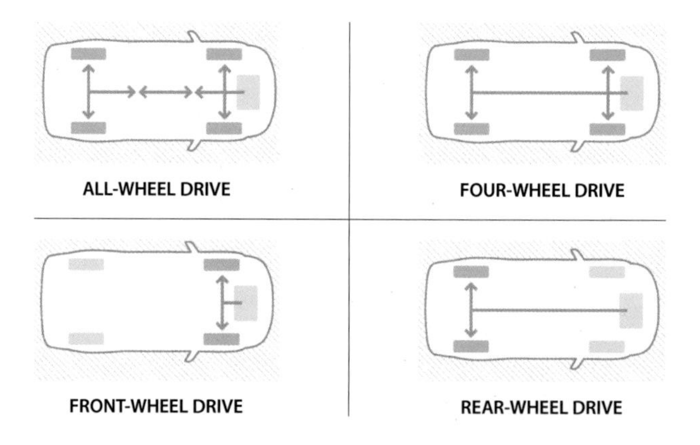

19) FF(Front engine Front wheel drive): 앞 엔진, 앞 구동 방식
FR(Front engine Rear wheel drive): 앞 엔진, 뒤 구동 방식
MR(Middle engine rear wheel drive): 가운데 엔진, 뒤 구동 방식. MR은 엔진의 위치가 가운데에서도 운전석 앞이냐 운전석 뒤냐에 따라 FMR과 RMR로 나뉩니다. 이 외에도 뒷바퀴 뒤에 엔진을 두는 방식(RR: Rear engine Rear wheel drive) 등 매우 다양한 레이아웃이 존재합니다.

1800년대 자동차 역사 초기에는 체인도 사용해보고 벨트도 써보고 심지어 엔진에 바퀴를 직접 달아보기도 했습니다. 하지만 그중 디퍼렌셜 기어를 이용한 차축 동력전달 기어가 가장 효율적이었으며 이는 오늘날까지 표준으로 자리 잡았습니다. 엔진에서 나온 1차 출력은 기어박스를 통해 힘을 증폭하거나 속도를 높이는 데 활용하고, 차의 추진력에 직접적으로 관계되는 바퀴를 굴려주는 기어에는 좌우 바퀴에 회전수 편차를 보상하면서 동력을 전달할 수 있는 디퍼렌셜 기어가 사용된 것입니다. 1960년대를 전후하여 등속조인트가 보편화 되면서 엔진을 앞에 배치하고 동력도 앞바퀴에 전달하는 게 가능해졌고 이렇게 하여 뒷바퀴에 동력을 전달하는 기구가 없어지고 상대적으로 자동차의 실내를 더 넓게 쓸 수 있게 되었습니다. 게다가 차도 더 가벼워져 연비도 향상되었죠. 그래서 이러한 앞 엔진 앞 구동(FF) 방식 자동차들은 대중적인 소형 자동차들부터 널리 보급되었습니다.

FF 방식 자동차로 가장 크게 성공한 사례는 영국의 미니를 예로 들 수 있습니다. 미니는 FF 방식을 성공적으로 도입했었고, 작은 차에 성인 4명이 탈만큼 넓게 설계한 대표적 사례입니다. 사실 이탈리아의 피아트 500도 1950년대 개발 단계의 초안 설계는 FF 방식이었으나 앞바퀴 스티어링 너클에 등속 조인트를 구현할 기술이 모자라 어쩔 수 없이 RR 레이아웃으로 생산되었습니다. 독일 폭스바겐 비틀도 사정은 마찬가지였습니다. FF를 구현할 기술이 없었던 것입니다. 그러니 당시에 영국의 미니가 채용한 FF 방식은 자동차를 작고 가볍고 민첩한 데다 실내 공간 활용도도

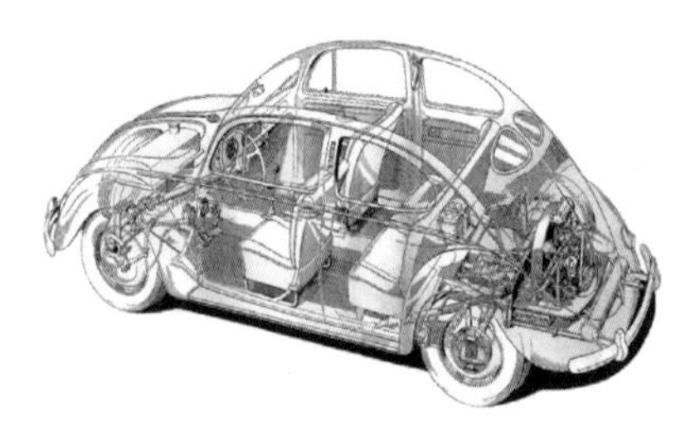

비틀 ▲RR 타입

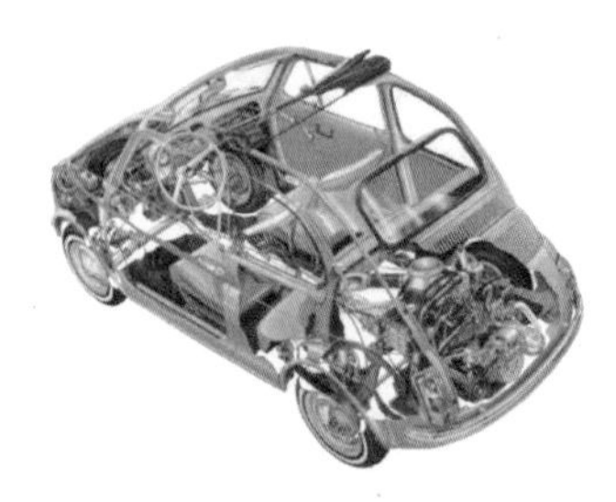

피아트 500 ▲RR 타입

미니 ▲FF 타입

뉴피아트 500 ▲FF 타입

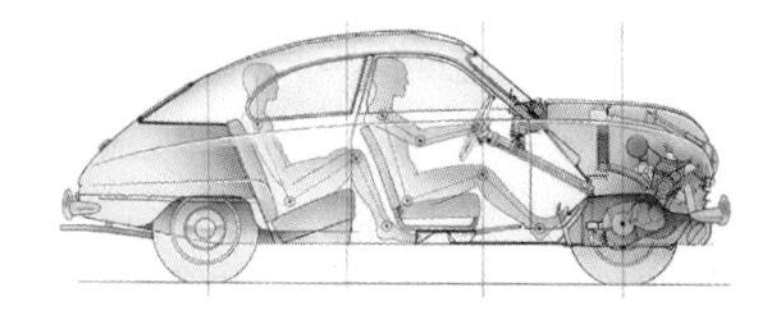

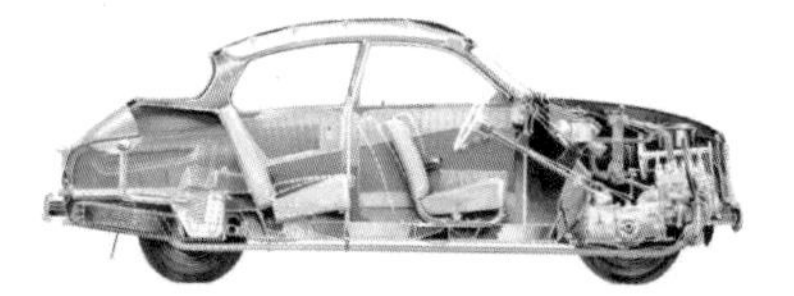

사브 92 ▲FF 타입

높게 만들 수 있는 첨단기술이었던 것입니다. 그러나 유럽의 모든 나라들이 서로 서로 다른 나라 자동차 기술을 베끼느라 여념이 없던 그 시절, 등속조인트 하나 구현하지 못해 FF 레이아웃을 포기하고 초소형 미니카에 RR 방식으로 엔진을 욱여넣던 다른 나라들과 달리, 스웨덴의 사브는 비행기 만들던 기술을 응용해 남의 것을 베끼지 않고, 상식과 이론을 바탕으로 영국의 미니보다도 10년이나 앞선 1949년에 FF 방식을 구현하여 차를 만들었습니다. 그렇게 탄생한 게 '사브 92'입니다. 사브는 전투기 제작 노하우와 공기역학을 활용하여 오늘날 경차에 사용될 만한 힘 약한 엔진으로도 빠르게 잘 달리는 사브92를 만들어 팔기 시작했고, 이 차는 단계적으로 '사브96'까지 발달했습니다. 이 소형차는 랠리레이싱에도 참가하여 1960년대 국제 레이싱카 사이에서 만만치 않은 적수가 되었습니다.

모노코크 생산기술이 대량생산 자동차제작기술로 정착하면서 오늘날까지 저가형 대량생산 자동차들은 거의 모두 FF 방식의 드라이브 트레인

사브 96 랠리레이싱 ▲FF 타입

폭스바겐 골프 신형모델

을 적용하여 단가를 대폭 낮추고 제작공정도 간단하게 줄였습니다. 그리고 FF 레이아웃 승용차 중 가장 큰 성공을 한 모델은 아마도 독일 폭스바겐 골프일 것입니다. 1960년대부터 1970년대까지 폭스바겐은 RR 레이아웃 국민차 비틀의 후속을 필사적으로 찾고 있었습니다. 엔진의 힘은 날로 좋아지는데 뒷바퀴 뒤에 엔진을 두고 달리는 건 핸들링에 좋지 않고, 위험했으며, 실내 공간의 활용도 또한 다른 소형차들보다 불리했기 때문에 자동차의 상품성이 떨어져 회사의 경영에 영향을 미칠 것을 걱정했기 때문이었습니다. 그리고 그들이 찾은 솔루션은 간단했습니다. 뒷바퀴 뒤의 엔진을 정반대 위치인 앞바퀴 앞으로 옮겨 자동차를 FF 타입으로 설계하면 핸들링에 관한 문제는 간단히 사라진다는 걸 엔지니어들은 예견하고 있었습니다. 여기에 당시의 인기 디자이너였던 주지아로의 디자인을 더해 상품성을 높였습니다. 시장에 출시된 골프는 많은 유저들 사이에서 '핸들링의 왕자'로 칭송되며 1970~1980년대 화려한 시절을 누렸습니다.

초창기 골프는 뒷바퀴에 토션빔 액슬을 채용했었습니다. 물론 값싼 소형차로서는 당연한 선택이었지만 결과적으로는 그립이 약한 뒷바퀴 덕에 오히려 스포티한 핸들링 감각을 얻어 명성을 쌓기에 이릅니다. 오버행이 짧고 뒤가 가벼운 구조로 인해 관성력이 크지 않아 뒤가 날아가는 듯한 현상을 운전자가 쉽게 컨트롤 할 수 있었던 것입니다. 이러한 현상은 오히려 유저들이 운전에 자신감을 갖고 뒤를 일부러 좌우로 날려 타는 재미를 느낄 수 있도록 만들기에 이르렀습니다. 지금이야 멀티링크 유사하게 나름대로 독자적인 설계를 적용해 이미 한 차원 상급모델이 되어 뒤가 날

골프
▲ 미끄러운 노면에서 뒤를 날리며 운전하는 기술을 선보이고 있다.

아가는 듯한 느낌은 안 들지만 그래도 과거의 명성이 쉽게 사라지지는 않습니다. 그 인기에 힘입어 골프의 50년째 되는 모델은 더 많은 편의장비와 더 높은 성능의 하이브리드로 계속 출시될 것이 예견되고 있습니다.

이렇게 FF 방식이 대량생산 경량 자동차의 새로운 표준으로 자리 잡던 시절 상대적으로 재래식이었던 후륜구동 방식 자동차들은 뒷바퀴가 주는 추진력의 감성적 다이내믹으로 인해 오히려 더 고도로 발달했습니다. 전륜구동 방식은 별다른 트랙션 보조 장치가 없어도 물리적 구조 자체가 훌륭한 핸들링을 발휘하지만 운전감성에서 느껴지는 박력은 약했습니다. 반면 후륜구동 방식은 급커브를 빠르게 돌아나가는 파워 슬라이딩이나 드리프트 또는 스칸디나비안 플릭 같은 고도의 운전기술을 활용하여 자동차를 박진감 있게 몰 수 있었습니다. FF 방식이 저가 보급형 소형 승용차에 적용되었다면 후륜구동 방식은 RR, FR, MR 레이아웃으로 나누어 발달하였습니다. FR 방식은 고급 중대형 승용차와 버스나 트럭 같은 상용차 및 군용차들이 채택하였고 구조적 특성상 버스는 FR 레이아웃에서 RR 레이아웃으로 변화해 왔습니다.

벤츠 SLR ▲FMR 타입

페라리 250GTO ▲FMR 타입

벤츠 W196R ▲FMR 타입

알피나 B6 ▲FR 타입

RR 레이아웃 중 승용차로 가장 유명한 건 아마도 포르쉐 911시리즈일 것입니다. 포르쉐 외에도 폭스바겐의 까르망기아나 르노 알파인 A110 같은 일부 스포츠카들이 사용했지만, 자동차산업에 보편적 승용차의 표준으로 자리 잡을 만큼 합리적이거나 경쟁력 있는 구조는 아니었습니다. 반면에 미드쉽 스포츠카로 불리는 MR 타입의 자동차들은 엔진과 운전석이 앞뒤 바퀴 사이에 있는 것을 말하는데, 자동차의 무게중심이 안정적이어서 고성능 스포츠카에 애용되었습니다. MR은 엔진의 위치에 따라 엔진이 운전석 앞에 있으면 FMR(프론트 미드쉽), 운전석 뒤에 있으면 RMR(리어 미드쉽)로 나뉩니다.

거의 모든 스포츠카 레이아웃이 FMR이던 시절 1966년 등장한 V12 리어 미드쉽 스포츠카 람보르기니 미우라의 등장으로 RMR 자동차의 새 시대가 열리기도 했습니다. 그걸 보고 프론트 미드쉽 스포츠카를 기본으로 제작하던 페라리도 리어 미드쉽 레이아웃의 우수성을 인정하고 플랫폼을 프론트 미드쉽에서 리어드십으로 바꿀 만큼 리어 미드쉽은 매력적이기도 했습니다. 그리하여 1960~1970년대는 RMR 레이아웃 스포츠카들이 스포트라이트를 받던 시기였습니다. 르망 24시 레이싱에서 출전 차량 3대가 1, 2, 3등을 모두 차지하며 미국인의 자존심을 세워줬던 포드 GT40, 로터스의 유로파와 에스프리트, 람보르기니 카운타크, BMW M1 등이 있었죠.

그러나 스포츠카 유저들이 특히 선호하던 후륜구동 방식은 출력이 강해질수록 스핀 현상이 빈번하고 고속으로 가속할수록 주행이 불안정해지므로 카레이서가 아닌 일반인 유저에게 판매하기 위해서는 다양한 트랙션 보조 장치가 병행하여 발달해야 했습니다. 물론 조종 편의와 안전성 향상을 위해 ABS 브레이크 시스템을 활용한 트랙션 보조 장치나 디퍼렌셜 전자제어를 통한 차축회전력 조절 기술이 사용되기는 했습니다. 기술의 발달에 따라 엔진이 점점 더 강해지고 자동차 속도가 점점 더 빨라지면서 2륜구동 자동차의 트랙션 한계로 인해 마침내 네 바퀴 모두를 이용해 휠타이어의 추진력을 개별 컨트롤 할 수 있는 4륜구동 AWD 드라이브트레인이 승용차에까지 확산되었는데, 미드쉽 스포츠카면서 4륜구동 자동차를 M4 레이아웃으로 따로 분류하기도 합니다. 예를 들면 아우디 R8, 람보르기니 아벤타도르, 포르쉐 918 같은 차들입니다. 그리고 오늘날 고급 세단 승용차들은 프론트엔진 AWD가 기본이 되어가고 있습니다. 이유는 고속 안정성과 눈길, 빗길에서의 트랙션이 2륜구동보다 더 안정적이고 차의 실내 공간을 더 넓게 활용할 수도 있기 때문입니다.

포드 GT40 ▲RMR 타입

포르쉐 911 ▲RR 타입

아우디 R8 ▲리어 미드쉽 AWD, M4 타입

BMW X6 ▲프론트엔진 AWD 타입

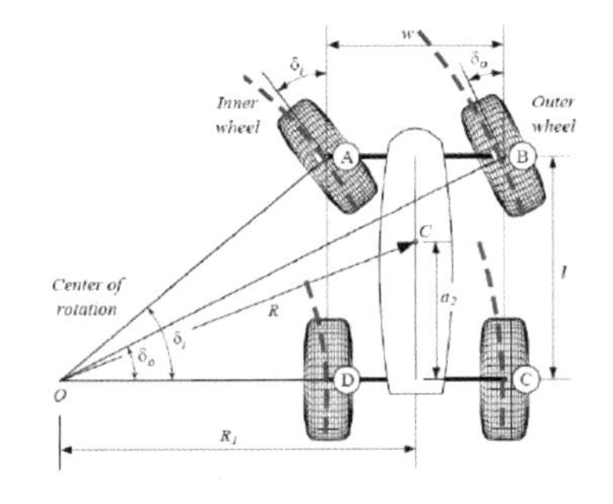

▲커브길에서 ⓐ, ⓑ, ⓒ, ⓓ 네 바퀴는 서로 다른 회전반경으로 인해 바퀴의 회전수가 서로 달라집니다. ⓐ+ⓑ는 ⓒ+ⓓ보다 커집니다.

지프 ▲프론트엔진 파트타임 4륜구동 P-4WD 타입

당초에는 농업용 트럭이나 군사용 등에 일부 제한적으로 사용되던 4륜구동 방식은 파트타임 4륜구동 방식(4WD, 또는 P-4WD)과 상시 4륜구동 방식(AWD)으로 구분됩니다. 4WD는 포장도로를 달릴 때는 2륜구동으로 다니다가 비포장 길을 만났을 때 일시적으로 4륜구동으로 전환하는 반면, AWD는 주로 온로드 승용차에 쓰이는 방식입니다. 항상 4륜구동으로 달립니다. 4륜구동차를 잘 모르는 유저들 중엔 파트타임 4륜구동차를

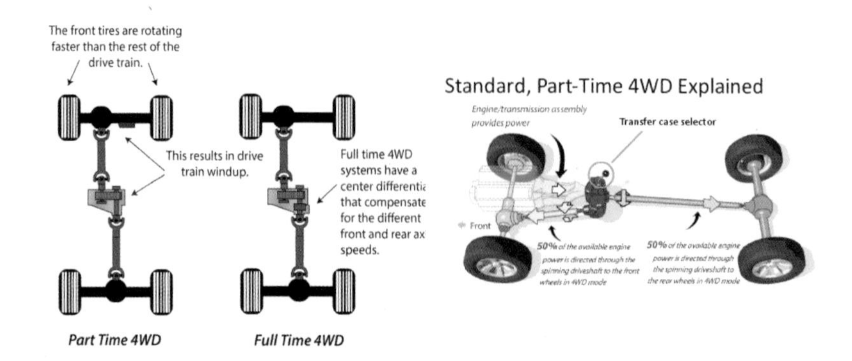

타고 기어 설정을 4WD(4H)로 놓고 커브만 들어서면 우두둑 소리와 함께 차가 느려지고 심할 땐 차가 서는 현상이 생긴다며 메이커에 항의하는 경우가 종종 있습니다. 이건 기술적으로 볼 때는 '타이트 코너 브레이킹'이라고 하는 현상인데, 일반적으로 파트타임 4WD 기어박스는 4륜구동(4H 또는 4L)으로 레버를 조작할 경우 트랜스퍼케이스를 통해 앞뒤로 항상 같은 회전수로 동력이 연결되는 장치입니다. 그런데 커브에서는 앞바퀴의 궤적이 뒷바퀴보다 더 길어지게 되므로 앞뒤 바퀴 회전수는 차이가 나야 하는데 동력축은 앞뒤 바퀴에 동일한 회전수로 동력을 전달하다 보니 서로의 힘이 상충하게 되는 것입니다. 이 현상은 타이어 접지력이 좋은 아스팔트에서 4WD로 놓고 U턴할 때 극심해집니다. 4WD로 주차할 때도 마찬가지입니다. 그럴 때는 반드시 2H(2륜구동)로 설정해야 합니다. 파트타임 4륜구동 자동차는 필요한 상황이 아닌 이상 기본적으로 기어를 2H로 놓고 다녀야 합니다.

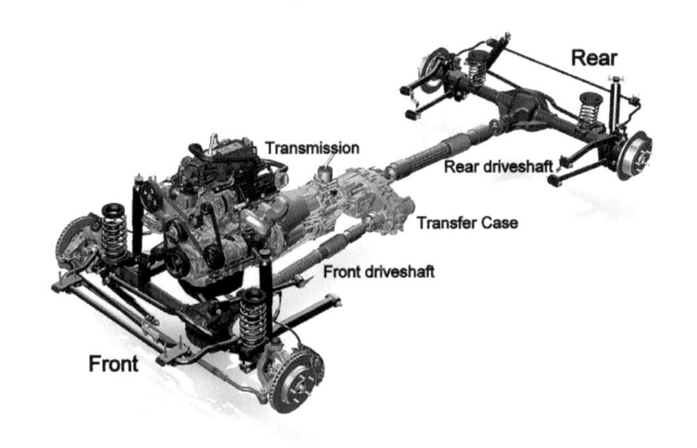

오프로드나 비포장도로에서는 노면에 깔린 흙가루나 모래 또는 자갈들이 타이어의 접지를 약하게 하므로 파트타임 4WD처럼 앞뒤 바퀴 동력이 항상 전달되는 구조는 차가 역동성을 얻어 추진력을 발휘하지만, 포장도로에서는 타이어의 접지력이 높아 오히려 동력의 회전축과 기어박스에 무리한 힘이 역으로 작용해 우두둑하는 소리가 나고 실제로도 기어박스가 손상되기도 합니다. 그래서 불편하지 않게 4륜구동을 구현하는 방법으로 기술자들이 개발한 방법이 AWD입니다. 그러나 AWD는 네 바퀴 중 하나만 슬립을 해도 나머지 3개의 바퀴에 동력전달이 안 된다는 단점이 있습니다. 예를 들어 한쪽 바퀴만 빙판 위에 놓여있다거나 지면에서 떨어져 헛도는 상황이라면 자동차의 추진력을 얻기 위해 일시적으로 헛도는 바퀴를 잡아야 합니다. 그래서 또 개발된 장치들이 4MATIC이나 X-Drive, 토크벡터링 같은 것들입니다. 헛도는 바퀴를 잡는 기술들이죠.

ABS 브레이크를 응용하거나 차축에 각각 다판클러치를 통해 동력전달을 제어했고, 디퍼렌셜 기어도 기계식이나 전자식으로 제어하는 기술이 쓰이고 있습니다. 모든 자동차는 직진만 한다 해도 네 개의 바퀴는 바닥의 굴곡을 따라 회전수는 항상 달라집니다. 핸들을 꺾어 좌우 바퀴의 궤적이 달라지면 이 현상은 더 심해지는 것입니다. 왼쪽 바퀴와 오른쪽 바퀴 그리고 앞뒤 바퀴가 서로 회전수가 다른 상황에 대응하도록 앞뒤 그리고 센터 세 곳에 모두 디퍼렌셜을 장치한 AWD 드라이브 트레인은 오늘날 온로드 승용차부터 오프로드 승용차까지 널리 보급되어 있습니다.

4륜구동 자동차는 기본적으로 프론트 액슬과 리어 액슬에 각각의 디퍼렌셜이 있습니다. 그리고 앞뒤의 디퍼렌셜에 동력을 전달해주는 트랜스퍼 케이스가 있습니다. 트랜스퍼 케이스는 주로 파트타임 4륜구동용 구조로 뒷바퀴에 전달하는 동력을 앞으로도 이었다 끊었다 해주는 장치입니다. 그러나 요즘에는 트랜스퍼 케이스 내부구조에 따라 파트타임이 아닌 풀타임 4륜구동용 센터 디퍼렌셜 기어셋이 들어 있는 경우도 있습니다. 우리말로 차동기어(디퍼렌셜 기어) 라고 하는 이 기어셋은 나란히 연결된 두 축의 중간에서 서로 역회전하는 구조의 기어뭉치로 맞물린 동력전달장치로서, 그 역사만도 수백 년 전 마차 시절부터 인류의 탈것에는 더 없이 유용한 구조물로 이어져 내려옵니다. 그리고 자동차역사의 초기부터 필수장치가 되었습니다. 그러나 오프로드에서는 타이어의 접지가 매우 약해지는 상황이 잦기 때문에 오히려 한쪽이 헛돌면 다른 쪽으로는 동력이 전달되지 않는 차동기어의 기능을 제한하는 디퍼렌셜 락을 통해 양쪽 바퀴가 항상 같이 돌게 하여 주행에 역동성을 더할 수 있었습니다. 디퍼렌셜 락은 전쟁을 통해 군용으로 크게 발달했고, 농업용 차량에서부터 오지탐험용 차에도 많이 활용되었습니다. 그리고 오늘날은 오프로드 마니아들의 여행을 위한 필수장비가 되었죠. 자동차의 발달에 따라 파트타임 4륜구동이 아닌 풀타임 4륜구동에도 디퍼렌셜 락의 필요성이 생기기 시작했고, 마침내 자동차메이커들은 온/오프로드를 가리지 않고 잘 달리는 역동성을 구현할 수 있게 되었습니다. 콰트로 시스템으로 유명한 아우디의 4륜구동은 온/오프로드 모두에 유리한 4륜구동을 구현하기 위해 센터 디퍼렌셜용으로 토센 디퍼렌셜을 활용했었습니다. 토센 디퍼렌셜은 워엄 기어가 헬리컬 기어를 만나고 헬리컬 기어는 피니언으로 서로 만나게 하여 기계식 토크분배를 하는 장치입니다. 원리는 워엄기어는 헬리컬 기어를 돌릴 수 있지만, 헬리컬 기어는 워엄 기어를 돌릴 수 없는 구조

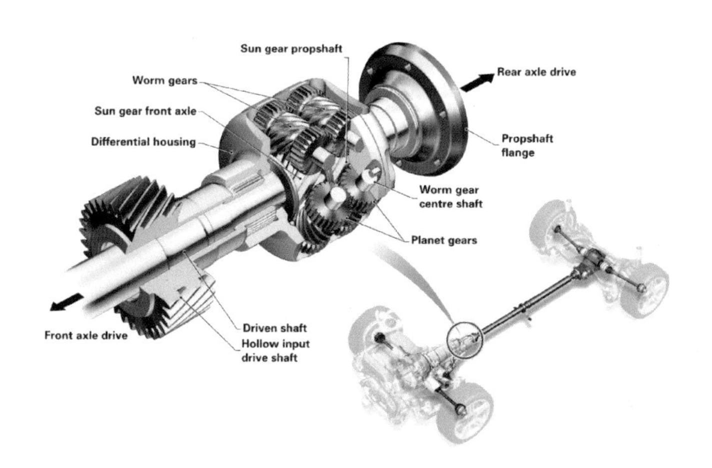

를 활용하는 방식입니다. 우리나라에서도 쌍용 렉스턴이 기계식 토크분배 디퍼렌셜로 앞뒤 바퀴에 동력전달을 했습니다. 렉스턴의 기계식 센터 디퍼렌셜은 피니언 기어의 조합으로 작은 기어가 큰 기어를 돌리면 토크가 커지는 원리를 이용하여 6 : 4의 토크분배를 했습니다.

이제는 전기자동차 시대가 도래하고 있고, 전동모터와 2차전지의 발달 양상에 따라 새로운 방식의 표준형 드라이브 트레인이 논의되고 채택되어 자동차산업의 표준으로 자리하게 될 것입니다. 아직까지는 전기자동차의 일반적인 동력전달 방법은 기존의 자동차 구조 및 동력전달 원리가 거의 그대로 쓰이며 엔진 대신 전동모터가, 연료통 대신 2차전지가 장치되는 형식으로서 현재 사용 중인 전기자동차의 레이아웃은 테슬라자동차의 플랫폼이 보편적입니다. 즉 앞뒤 바퀴 사이에 전동모터와 기어박스 및 인버터를 장치하고 차 중앙 바닥에 배터리를 설치하는 식이죠. 전기차를 설계하고 제작할 때, 디자이너들은 흔히 인 휠 모터(in wheel motor)의 함정에 자주 빠지곤 합니다. 인 휠 모터를 달면, 차바퀴

BMW의 하이브리드 자동차 레이아웃 사례

벤츠의 하이브리드 자동차 레이아웃 사례

테슬라의 전기자동차 레이아웃 사례

로 파워 트레인과 드라이브 트레인이 모두 들어가므로 자동차 내부 공간을 더 자유롭게 사용할 수 있고 서스펜션의 구성도 다양해지므로 스타일링의 자유도가 상당히 높을 것으로 상상할 수 있습니다. 그러나 서스펜션 지오메트리와 섀시역학의 경험론적 엔지니어링에선 차바퀴 안에 전동모터를 넣으면 현가하중량이 상대적으로 커서 승차감은 물론이고 운동성도 매우 나빠지기 때문에 실효성은 거의 없는 아이디어가 됩니다. 그런 레이아웃은 노면 요철이 없는 아주 평탄한 도심 전용 또는 공항이나 항만 등 물류운반 자동차류나 실내의 주행 장치로는 어느 정도 생각해볼 수 있겠으나, 일반 승용차에서는 현가하중량이 높아지는 건 득보다 실이 더 많습니다. 뉴튼의 운동법칙만 적용해봐도 승차감과 운동성이 좋아지게 하려면 바퀴의 상대 중량은 가벼워져야 하는 걸 알 수 있습니다.

아래 사진은 랜드로버 디펜더의 카툰버전 스타일링의 4륜구동 오프로드 전기자동차입니다. 앞뒤로 각각 2속 변속장치와 전동액슬을 달고 가운데엔 배터리와 인버터를 배치한 레이아웃에 포털기어 너클로 지상고를 높인 더블 위시본 서스펜션 섀시구조를 했습니다.

파워 트레인

역사적으로 자동차의 동력원은 증기기관이나 전동모터가 먼저 시도되었지만, 먼저 상업적 대중화에 성공한 것은 내연기관이었습니다. 내연기관은 디젤 엔진과 가솔린 엔진으로 나뉘며 가솔린 엔진은 피스톤 왕복형과 로터리 회전형으로 다시 분류됩니다. 그러나 기관의 내구성 문제로 자동차 업계에서 보편적으로 많이 사용하는 엔진은 피스톤 엔진입니다. 디젤 엔진은 기관이 무겁지만 토크가 좋아 화물차에 많이 쓰였고, 가솔린 엔진은 비교적 가볍고 힘보다는 승차감과 속도가 중요한 승용차에 주로 사용되었습니다. 그러나 엔진의 토크를 활용하는 기어박스의 발달로 인해 엔진 토크와 엔진 회전수의 복합관계로 나오는 엔진의 최종 출력과 속도효율은 디젤 엔진도 상당히 좋아지는 추세이고, 사용하는 연료에 의한 매연 문제도 매우 개선되고 있습니다. 그러나 아직은 연료의 근본적 성질로 인해 가솔린 엔진이 조금 더 고급입니다. 그리고 전동모터로 넘어가는 과도기인 지금은 전동모터와 내연기관의 결합형인 하이브리드 동력원을 많이 쓰는 추세입

터보차저

니다. 오늘날의 하이브리드 엔진은 에너지 회생장치를 활용하여 에너지 효율을 극대화하고 있으며 내연기관의 장점과 전동모터의 장점을 결합하는 방식으로 출력 또한 상당히 개선되었습니다.

과거에 피스톤 엔진들은 엔진효율을 높이기 위해 비행기에서 사용하던 과급기를 자동차용 엔진에도 장치하기 시작했습니다. 비행기는 고도로 비행할수록 공기의 밀도가 희박해져 강제로 엔진에 공기를 불어넣는 기관이 발달해야만 했었습니다. 이러한 과급기는 크랭크의 동력을 직접 이용하는 슈퍼차저와 배기가스의 유속을 이용해 터빈을 돌려 강제과급을 하는 터보차저 두 가지가 일반화되어 있습니다.

1980년대 이후 자동차 엔진에 터보차저의 보급과 발전 속도는 매우 빨랐고 터보차저는 지금 포뮬러원 레이스카에서부터 대형트럭까지 광범위하게 사용되고 있습니다. 그런데 터보차저는 터보랙이라는 게 있습니다. 그 터보랙을 줄이기 위해 터보차저는 작은 걸 사용하는 게 보통입니다. 일찍 반응하는 소형터보는 출력이 그리 높지 않습니다. 그러나 머리 좋은 기술자는 듀얼스크롤이나 VGT, 바이터보, 트윈터보, 트리플터보 등 다양한 아이디어로 터보차저의 흡기효율을 저출력에서 고출력까지 모두 소화해내고 있습니다. 그리고 흡기에 관성이 붙으면, 기어변속 타이밍에 흡기관성을 유지하기 위해 일시적으로 덤핑밸브가 열리고 흡기공기에서 넘치는 양을 뱉어냅니다. "흡퓨르릉", "퓨슉 퓨슉" 등의 소리가 나기도 합니다. 또한, 터보차저와 오토매틱 기어의 조합은 적절해 보입니다. 둘 다 예열과 후열이 필요하고 관성관리를 하며 타야하기 때문입니다. 그런데 터보차저를 잘 모르는 사람들은 차를 스포티하게 몰지 못합니다. 그냥 밟으면 나가는 줄 알고 몇 번 밟아보고 잘 안 나간다고 불평을 합니다. 터보차저는 RPM에 리듬을 타고 관성을 유지해주는 기술이 필요한 차입니다. 쉽지 않습니다. 흡배기에 관성을 유도해야만 효과를 볼 수 있는 터보차저와 달리 슈퍼차저는 말 그대로 밟는 대로 나가는 엔진이 되죠. 크랭크샤프트에 공기펌프를 바로 이어버렸기 때문인데, 엔진 회전수와 정비례하는 과급성능으로 반응속도가 정직하게 빠릅니다. 그러다 보니 슈퍼차저에 빠진 사람은 터보차

슈퍼차저

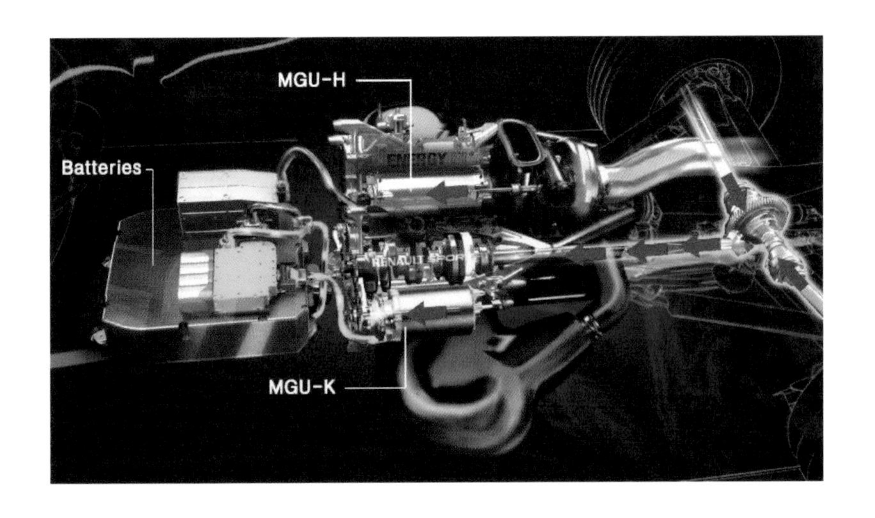

저엔진은 답답해서 쓰지 못합니다. 그리고 터보차저의 관성 과급 성능 같은 건 배기량으로 때우고 맙니다. 그래서 슈퍼차저 이용자들은 대배기량 엔진을 선호합니다. 그러나 슈퍼차저는 연비가 좋지 않고 고회전 효율에 한계가 따르며 부피도 크고 무겁다는 단점이 있습니다. 그러다 보니 꾸준한 기술개발로 터보랙과 저회전수의 핸디캡을 극복하고 있는 터보차저들의 약진으로 대세에서는 좀 밀렸습니다. 요즘 터보차저기술은 반응속도가 빠르면서 터보랙도 거의 없다시피 합니다.

엔진의 출력에 힘을 보태는 기술로는 KERS[20] 라는 게 있습니다. 그림

---

20) MGU라 불리며 운동 에너지 활용 발전겸용 모터 유닛입니다. The Motor Generator Unit-Kinetic(MGU-K)는 제동 시 드라이브 샤프트에 역으로 전해지는 회전력을 받아 충전에 활용하는 장치고, The motor generator unit-heat(MGU-H)는 열에너지 활용 발전겸용 모터라는 의미입니다. 터보차저의 남는 회전력을 전기 충전에 활용하는 기관으로 터보차저가 뜨겁기 때문에 붙여진 이름으로, MGU-K와 원리는 동일합니다. 이를 KERS(Kinetic Energy Recovery System), '커스'라고 통칭합니다.

에 보이는 것처럼 요즘의 F1 레이스카들은 발전과 축동력을 겸하는 전동장치를 엔진 위, 아래로 두 개를 사용합니다. 위엔 뜨끈뜨끈한 대형 터보차저에 연결하여 터보차저의 넘치는 회전력을 활용하여 충전하고, 필요 시 역으로 터빈을 돌려 공기를 흡입합니다. 아래엔 크랭크에 연결하여 제동 시 걸리는 회전력을 받아 충전하거나 필요 시 역으로 크랭크에 토크를 더해 가속을 돕는 장치입니다. 즉, 전동모터의 원리를 이용하여 충전장치와 축회전 출력장치를 겸하는 유닛입니다. 포뮬러원이나 각종 GT 레이싱 경기의 레이스카들에 의해 수년간 발달해온 이 방법이 신뢰성과 범

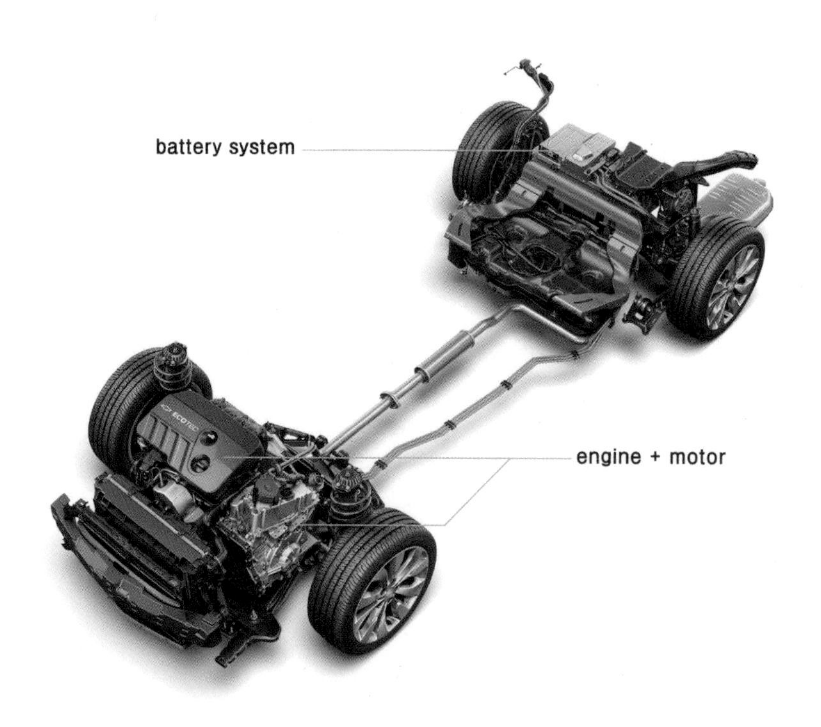

용성의 기술을 얻어 벌써 공도용 자동차에도 시도되고 있습니다. 전동모터의 시대로 넘어가고 있는 현재, 레이싱카들의 이러한 KERS의 개념은 MGU-K의 원리를 주로 적용하여 제동 시 자동차의 주행관성에 의해 발생하는 축동력을 충전하는 방식으로 하이브리드 자동차에 널리 상용화되고 있습니다. 하이브리드 시스템은 내연기관의 시대에서 전동모터 시대로의 변화 과정에 효과적으로 자리 잡고 있으며, 개발 초기에는 기관이 복잡하고 기술적으로도 미흡한 점이 많아 외면당했던 과거와 달리 이제는 출력이 더 좋아지고 연비도 향상되며 기관의 복잡성도 어느 정도 표준화 및 단순화되어 새 시대의 기술로 자리 잡고 있습니다. 비록 아직까지는 완벽한 수준에 도달하지 못했지만, 실제 양산자동차에 적용하는 여러 자동차 메이커들의 노력으로 기술적 완성도가 높아지고 있습니다.

아래 그래프는 요즘 자동차용으로 인기 있는 인덕션 모터의 토크/알피엠 그래프입니다. 테슬라 같은 회사에서 무변속 싱글스피드 기어박스

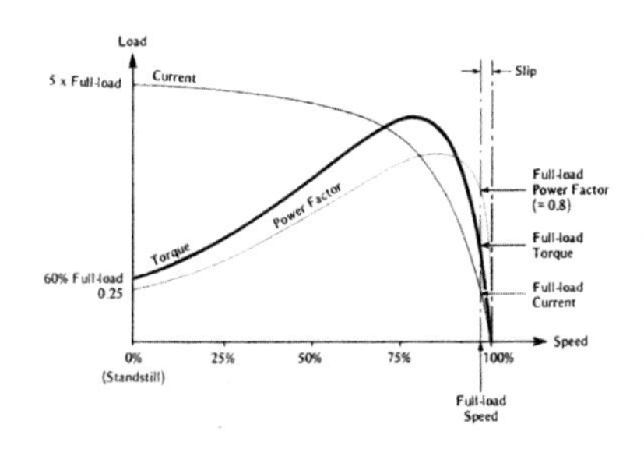

인덕션모터 토크/알피엠 그래프

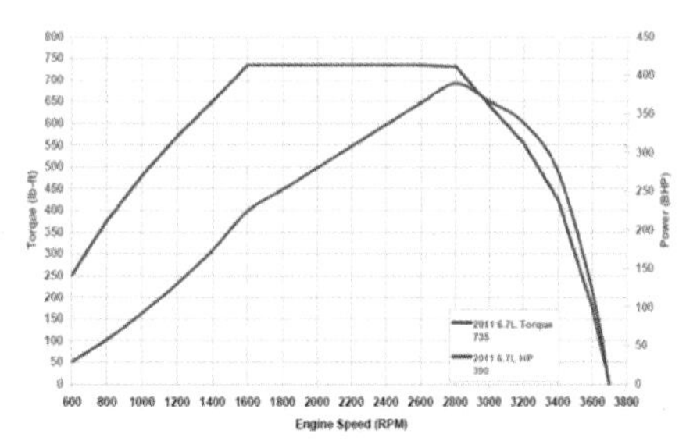

내연기관 토크/알피엠 그래프

를 사용하는 이유로 활용하는 자료인데, 전동모터는 처음부터 강한 토크가 나오고 모터의 회전수가 빨라질수록 토크가 더 커지는 현상을 묘사한 것입니다. 테슬라의 설명에 의하면, 내연기관 엔진은 어느 한 지점에서만 토크가 크기 때문에 변속기가 필요한 것이고, 토크영역이 광범위한 테슬라의 인덕션 모터는 변속기가 필요 없다고 설명했습니다. 그러나 테슬라의 설명과 달리 사실 요즘 엔진들은 토크영역이 넓습니다. 클러치가 연결되는 유효 알피엠부터의 토크도 강합니다.

그리고 차에 걸리는 주행저항은 차 무게의 몇 배 범위까지 수시로 변하기 때문에 힘과 속도를 적절히 배분하기 위해 기어비를 다양하게 변화를 주어 메인 파워 트레인에 부하를 줄이고 내구성과 에너지 효율을 향상하는 것으로, 단순히 토크 문제만은 아닙니다. 모터와 엔진은 태생이 다릅니다. 내연기관을 전동모터로 대체해야 하는 게 시대적 흐름이라면 이런 하이브리드 엔진은 적절하고 현실적인 대처방안이라 할 수 있습니다.

그런데 전동모터를 사용한 자동차용 파워 트레인의 기어박스는 무변속 기어부터 변속 기어까지 다양하고, 대체로 차에 필요한 토크를 기어비로 해결하는 방법보다 모터의 개수나 회전자의 출력(전기의 힘)으로 때우는 아이디어가 아직은

하이브리드 파워 트레인

테슬라의 파워 트레인
▲ 인버터모터와 인버터를 원통형으로 나란히 배열하고 중앙에 1단 무변속 기어와 디퍼렌셜을 통해 차축에 동력을 전달하는 구조

더 많습니다. 엔지니어들의 상상력에 의하면 일단 모터출력의 스펙을 차에 필요한 맥시멈으로 잡고 속도와 토크는 간편하게 전자제어하겠다는 의지입니다. 그러나 전기자동차를 설계하거나 만들 때 동력전달의 방법에 따라 설계자들은 다양한 레이아웃을 시도하고 있지만, 결국 내연기관 시절의 필수 구성품인 기어박스(변속기, 감속기)는 여전히 필요합니다. 차에 대해 잘 모르는 전기기술자는 '전기에너지' 대 '자동차이동'이라는 단순 함수 속에서 기어박스 없이 '전압과 전류량(또는 인덕션 프리퀀시)'만으로 토크를 제어하면 된다는 생각으로 기어박스에 큰 관심을 두지 않았지만 현실은 달랐습니다. 모터만으로는 출발이나 가속 시 토크부하가

많이 걸리고 열에너지 소모량이 커집니다. 가속과 감속을 자주 하는 경로를 달릴 때 심하면 모터나 배터리 또는 배선에 불이 날 수도 있습니다.

물론 토크부담을 줄이기 위해 오르막길은 안 가고 급가속을 안 하면 된다고 할 수 있겠으나 그렇게 된다면 충분한 기능을 발휘하지 못하는 자동차라고 할 수 있습니다. 누군가가 천재적인 아이디어를 내서 모터의 힘만으로도 주행에 필요한 요소와 에너지 효율마저 좋은 자동차 모터를 개발하기 전까지는 인덕션 모터의 특성에만 의존하여 감속기(변속기)를 무시할 수는 없습니다. 테슬라도 개발 초기엔 변속개념 없이 단순 감속기 하나만으로 차를 굴렸습니다. 그때 테슬라 차들은 멀리 가지도 못한 채 과열로 멈춰버리기 일쑤였습니다. 내연기관의 기어변속 또한 엔진 출력의 한계로 인해 필요했던 것이고 아직 모터의 힘은 충분하지 않은 게 현실이기 때문입니다. 그저 대용량 모터를 달아 빠른 스피드와 가속을 잠깐 느끼게 하는 현혹장치는 차를 오래 사용할 유저를 위한 최적의 전기 동력

플라이휠 전동 액슬

변속트랜스밋션과 전동모터

설계를 얻지 못했던 엔지니어들의 임시방편이나 핑계에 불과합니다.

대배기량 승용차들은 여유 출력이 큽니다. 그래서 웬만해서는 엔진에 무리 없이 주행할 수 있습니다. 약 1200RPM에 100km/h 정도로 달릴 수 있습니다. 일상생활에서 2000RPM을 넘기는 일은 별로 없습니다. 여유 출력이라는 것은 자동차 주행에 필요한 최소한의 힘보다 더 많은 힘을 이야기하는데, 주행저항은 차의 속도가 빠를수록 기하급수적으로 증가하는 반면 엔진은 한계 회전수에 도달하면서 급격히 출력이 떨어집니다. 반대로 여유 출력을 활용하여 자동차를 천천히(관성주행) 운전하면, 연비도 절약되고 차의 수명도 연장됩니다. 차가 출발한 직후 차의 주행저항이 크게 증가하기 전에 적당한 주행관성을 얻었을 때 기어비를 낮추면 엔

진회전수는 상대적으로 느리고 속도는 유지한 채로 차가 조용해지며 편안하고 정숙한 주행을 하는 것입니다. 오토매틱 차량에 있는 O/D(Over Drive) 기능은 이러한 작동을 자동으로 수행하고, 수동기어 자동차들은 운전자의 경험과 감각으로 적정 기어비를 맞추어 주행합니다. O/D를 끄면 차의 힘이 좋아지고 가속이 빨라지는 것으로 오인하기도 하지만 그것은 기어비를 1 : 1 이상 올리지 않아 토크부담이 적은 것일 뿐 엔진회전수가 올라가고 연비가 나빠질 수 있습니다.

내연기관에 사용하는 첨가제는 엔진첨가형과 연료첨가형 두 가지가 있는데 연료첨가형이 비교적 안전하긴 하나, 두 가지 다 사용상 주의가 필요합니다. 엔진에 사용하는 화학약품들의 합성체를 흔히 '엔진마약'이라고 합니다. 아마도 일시적 효과를 크게 보긴 하지만, 사용 직후 엔진이 고장 나는 사례가 많다 보니 화공약품으로 성능개선을 체험해본 몇몇 사람들이 퍼뜨린 말 같습니다. 그러나 이런 화공약품의 리얼리티는 다양합니다. 모두가 마약은 아닐 테지만, 저 또한 마약성분으로 엔진을 몇 개나 망가뜨린 사람으로서 케미컬 튜닝은 조심해야 할 분야로 보이긴 합니다. 잘 관리된 엔진은 헤드를 열었을 때 카본(그을음)이나 슬러지가 끼어있지 않고 깨끗합니다. 예를 들어 엔진 오일을 정기적으로 갈고, 양품연료만 사용하는 엔진은 10만 km를 주행해도 새것과 같은 엔진 상태를 유지합니다. 물론 과속도 안 하고 규정 속도를 지키며 달리는 관리도 필요합니다. 규정 속도는 너무 천천히 달려도, 너무 빠르게 달려도 안 되는 그야말로 엔진에 좋은 적정속도입니다. 흔히 말하는 관성주행 연비속도입니다. 그러나 잘 만든 엔진은 다소 무리하게 달려도 '찐빠'가 난다든가 녹킹으로 실린더에 크랙이 가거나 엔진 부조화로 소음이 심해지거나 출력이 급격히 나빠지는 일이 없는 엔진이겠죠. 하지만, 아무리 좋은 엔진도 무리하게 가속을 반복하면 좋은 오일로 관리한들 엔진체크등이 켜지면서 각종 이상 징후가 나타납니다. 이때 응급조치 중 하나로 '엔진마약'을 써보기도 하는데요, 바로 그럴 때가 엔진에 심각한 문제가 발생할 수 있는 위험한 순간입니다. 과속 후 이상 징후가 나타난 엔진의 상태를 보전하고 수리하기 위해서는 약품부터 쓰지 말고, 우선은 신뢰할 수 있는 정비소에 가서 전문가와 함께 엔진체크를 해보고 원인을 찾는 게 순서입니다.

제대로 달려 보려면 엔진을 터질 듯 돌리는 방법도 있습니다. 아산화질소(N2O: 니트로스옥사이드) 가스탱크를 달고, 엔진 흡기관에 주입하면 기어박스가 깨지고 타이어가 찢어질 듯이 차가 달려나갑니다. 그런데,

NOS 튜닝은 흡기라인 매니폴드에 가스통을 연결하는 밸브만 달면 되는 게 아니라, 엔진의 점화 시기나 인젝터의 연료 공급량이 함께 조정되어야 합니다. ECU를 리프로그램해야 하는 거지요. 보기보다 간단하지 않습니다. 별도의 컨트롤러로 ECU 간섭하는 방식도 있으나 그 또한 어렵고 미묘하긴 마찬가지입니다. 공기 대신 아산화질소를 버티려면 엔진블록이 기차엔진처럼 튼튼해야 하고 기어박스가 장갑차처럼 강해야 하며 크랭크나 커넥팅로드도 만만치 않게 강화되어야 합니다. 휠과 타이어도 마찬가지고 서스펜션과 연결된 차 프레임 모두가 달라져야 제대로 치고 나갑니다. 안 그런 차는 바퀴가 튕겨 나가고 기어가 차를 톱질하듯 망가뜨리고 커넥팅로드가 엔진블록을 뚫어버릴 수 있습니다. 그래서 현실적으로는 출력을 과하게 올리지 말고 가속도만 잠깐 즐겨보는 정도로 만족하는 게 좋습니다. 그 정도만 해도 영화 '분노의 질주'의 한 장면 같은 건 구현됩니다. 우리나라에선 아산화질소 저장용기부터 검사품을 사용해야 하고, 국내 튜닝법에는 이런 점들이 제대로 서술되어 있지도 않습니다. 그리고 법적으로 구체적 시행령이 마련되지 않은 분야는 기본적으로 불법 튜닝으로 간주하는 게 현실입니다.

스포츠카나 레이스카에서도 오토매틱 기어박스가 대세인 시대지만 아직도 수 많은 마니아들은 수동조작 기어박스의 낭만을 나름대로 유지하고 있습니다. 수동기어 조작을 신속하고 정확하게 할 수 있다는 것을 일종의 운전실력으로 생각하며 자신의 능력을 과시하고 성취감을 얻기도 하지요. 그러나 우리가 인정해야 할 사실은 인간의 팔다리로 수동기어박스의 조작을 제아무리 빨리해도 오토매틱 기어변속보다 느리다는 점입니다. 요새는 오토매틱 듀얼클러치로 더 빨라졌고, 락업 클러치로 슬립도 없앴습니다. 그래도 수동기어의 낭만을 품고 차를 자유자재로 작동하고 싶은 드라이버라면 급커브를 빠르게 돌아나가는 기술로 힐 앤 토(heel and toe) 라는 테크닉을 발휘하게 됩니다. 이것은 커브에 진입할 때 감속(브레이크 페달: 발끝)은 하지만 엔진의 회전수는 충분히 확보(액슬 페달: 뒤꿈치)한 상태로 커브의 정점(apex)에 도달하면서 시프트다운(클러

치 페달: 왼발)하여 코너아웃에 빠른 가속을 얻는 기술입니다. 실제로 능숙하게 해내기까지 많은 훈련이 필요한 어려운 기술입니다. 힐 앤 토를 구사할 때, 발바닥이 넓은 사람은 구태여 발목을 비틀어 가며 액슬과 브레이크 페달을 동시에 밟지 않고 엄지발가락과 새끼발가락 쪽을 이용한다는 느낌으로 두 개의 페달을 동시에 밟기도 합니다(toe and toe). 그러나 최신형 고급 오토매틱 스포츠카들은 이런 잔재주는 기계가 대신 부리고 운전자는 핸들링에 더욱 집중할 수 있게 해줍니다. 요즘 차들의 스포츠 모드는 연료 분사량에만 의존하는 게 아니고 기어비를 낮추어 힘을 충분히 얻고 연료 분사량은 적절한 토크를 얻을 만큼만 높이기 때문인 것 같습니다. 동시에 적절하게 밸브 개폐 타이밍을 조절하는 세심함도 도움이 되었겠죠. 만약에 공도용 일반 승용차 S모드를 진짜 레이싱카처럼 설정했다가는 과다 연료소비로 소비자들의 불만이 쇄도할 것입니다. 그래도 레이싱카 버금가는 출력을 얻고 싶어 하는 일부 소비자들을 위해 메이커들은 파워킷이라는 튜닝용품을 판매합니다. 파워킷은 기성품 자동차의 S모드를 조금 더 심하게 개방하는 볼트온 패키지입니다. 패키지의 구성은 메이커마다 다소 차이가 있지만, 벤츠나 BMW를 예로 들면 인터쿨러나 흡배기관을 개선하고 배선을 교체하거나 ECU와 엔진 사이에 전자칩 회로가 내장된 플러그인 모듈을 연결합니다.

자동차 엔진이 캬브레터 엔진에서 전자제어 엔진으로 바뀌면서 ECU가 엔진을 컨트롤하기 시작했고, DOHC와 VVT 기술로 인해 에너지의 활용도가 더 정밀해지면서, 승용차 유저들에게 일종의 선물처럼 스포츠모드 버튼이 주어졌습니다. 동시에 에코모드는 거의 모든 승용차에 디폴트가 되었습니다. 초창기엔 스포츠 모드는 인젝터 연료 분사량을 늘리는 식으로 기름 낭비에 에너지 효율마저 떨어지는 비효율적인 방법을 썼었는데요, 요샌 밸브타이밍 조절과 엔진토크 대 기어비를 함께 조절하고 흡기속도와 공기량도 조절하는 가변 터보의 기술이 합쳐져 스포츠모드는 낭비가 아니라 경쾌한 일상생활의 개념이 되었습니다.

'시프트다운'은 운전기술 중 하나로, 주행 중 급가속을 할 때 기어비를 내리고 풀액슬을 사용해 쭉 치고 나가는 것을 말합니다. 일반 승용차로 예를 든다면 약 3000RPM 정도로 달리다가 기어를 한 단 내리면서 토크를 향상시키고 동시에 엔진 회전수를 올려 5000RPM 이상으로 달리는 기술입니다. 시프트다운은 모든 가솔린 엔진 자동차에 활용할 수 있는 운전기술입니다. 그런데 포르쉐는 이런 기능을 아예 버튼으로 만들었습니다. 이른바 '부스트'라는 말로 통용되는 '스포츠 리스폰스 버튼'입니다. 이 버튼을 누르면 기어비를 내리고 연료 분사량을 늘리며 엔진 RPM을 올려

줍니다. 터보엔진이므로 터보 부스트압도 함께 올라가죠. 시프트다운을 버튼화 한 것인데, 이 기능을 자주 사용하면 엔진 수명이 짧아지며 타이어도 금방 닳게 될 것입니다.

내연기관을 손볼 때, 엔진을 완전히 분해하여 불필요한 부분은 하나하나 깎아 경량화하고, 크랭크 등의 회전부는 유선형화 하며, 피스톤과 커넥팅로드를 개조하고, 압축비를 올리고, 하이캠과 점화 시기 연료량 조절, 흡배기 시스템 손질, 냉각수와 오일 같은 기관 내 유체관리 시스템 등 여러 가지로 민감하고 어려운 세팅을 새로 하여 엔진을 힘세고 잘 돌아가게 손보는 것을 NA 튜닝이라고 한다면, 공기를 강제로 과급하는 장치를 통해 엔진 출력을 향상시키는 상대적으로 손쉬운 방법을 터보튜닝이라 합니다. 물론 터보튜닝에도 유체관리나, 하이캠과 ECU 세팅은 공통입니다. 그런데 NA 튜닝을 하든 터보튜닝을 하든 공통적으로 서스펜션 세팅, 경량화, 무게중심 조절, 등 기초적인 부분은 선행되어야 합니다. 기초공사 없이 엔진만 힘을 내는 경우 대형 사고로 이어질 수 있으니까요.

일반 양산엔진을 튜닝할 때 보어업, 압축비업. 피스톤가공 등의 작업을 하다 보면 출력을 향상할수록 내구성은 현저히 떨어집니다. 레이싱카 엔진은 1경기 주행거리 300~400km 만에 수명이 다하기도 합니다. 그럴 수밖에 없는 이유는 엔진을 제작할 때부터 불필요하다고 생각되는 부분은 깎을 대로 깎고 압축비는 올릴 대로 올리고, 터보차저를 통해 상당한 양의 공기가 유입되고 1만 수천 RPM으로 돌면서 무리한 폭발압력과 열이 엔진에 가해지기 때문입니다. 결국 엔진 안에서 소형 액체폭탄이 분당 수만 번 이상 터지는 셈입니다.

보강장치

오늘날 대부분 승용차들의 구조는 스틸모노코크 섀시입니다. 그러나 말이 모노코크지 양산차들의 구조를 해석해보면 사실상 간편한 래더프레임 섀시와 스페이스 프레임 보디를 맞물려놓은 형식이 대부분입니다. 진정한 모노코크는 차의 외형이 곧 구조물이 되는 이상적인 형태인데요, 그렇게 하면 개발과 제작비용이 너무 비싸져서 메이커들은 그들의 양산자동차에 이상적인 모노코크를 구현하지 못합니다. 일반적으로 대량생산 승용차들의 프레임은 스틸박판 프레스 가공으로 프레임 모양으로 주름을 잡아 생산된 파트들을 로봇에 의해 스폿용접으로 이어 붙여 만들어집니다. 그리고 하체에 조립된 래더프레임 형상 보강주름 앞뒤로 크로스멤버를 달고 그 위에 서스펜션과 엔진을 얹는 형식입니다. 이런 차들은 대부분 상대적으로 무겁고, 비틀림 강성은 약한 데다가 이음새 구석구석 방청처리를 안 하면 녹에 대한 취약점도 안고 있습니다. 그러다 보니 궁여지책으로 차대를 통째로 도금하거나 대형 페인트통에 푹 담가서 칠하는 방식도 취하게 됩니다.

녹 방지에 대한 대안으로는 고급승용차들은 재료를 아예 바꿔 알로이 합금이나 마그네슘 등을 사용하기도 합니다. 아우디 A8은 하나의 양산 알로이 합금 승용차입니다. 그 외에도 BMW와 벤츠도 알로이 합금으로 재료를 바꿔 자동차의 관리품질을 대폭 개선했었죠. 반면, 복합소재 항공기 재료로 사용하던 글라스화이버나 카본파이버 강화 플라스틱 재료들 또한 소규모 소량생산 스포츠카 메이커들에 의해 널리 활용되고 있습니다.

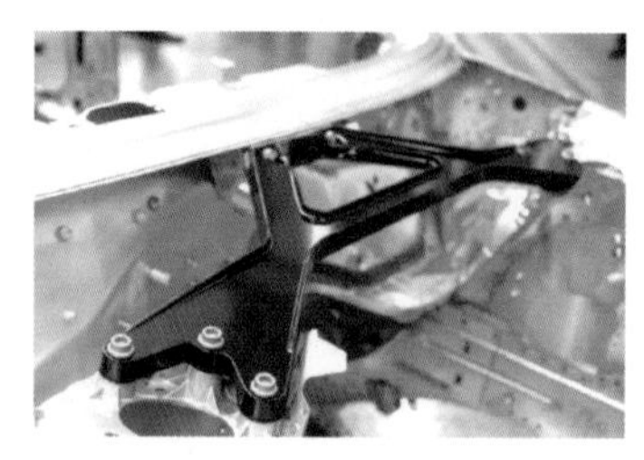

마그네슘합금
▲서스펜션 마운트를 가로지르는 스트럿바

1980년대 말 럭셔리 양산승용차 시장은 벤츠 S클래스와 BMW 7 시리즈로 양분되었습니다. 그 틈에 끼어들기 위해 아우디는 A8 모델에 레이싱카에서나 쓰던 알루미늄을 풀 바

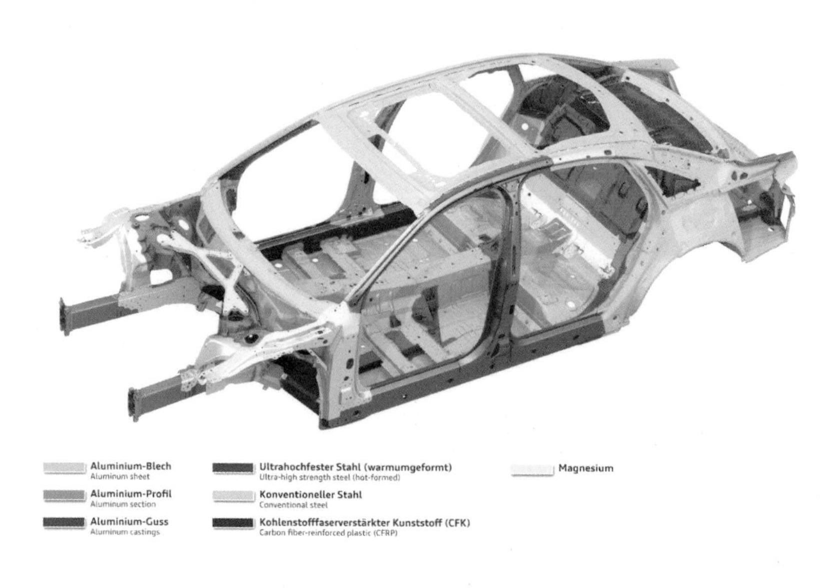

디에 적용하며 경쟁력을 높였습니다. 알루미늄은 스틸에 비해 비중이 적은 금속이라 자동차의 무게 성능비를 달성하기에는 유리한 재료입니다.

아우디의 경우 전반적으로 알루미늄 박판 프레스 성형을 사용했지만, 골이 깊고 형상이 복잡한 서스펜션 마운트는 알루미늄 주조, 스트럿바는 마그네슘, 그리고 군데군데 스틸 박판 프레스 성형품을 용접, 볼팅, 리베팅, 본딩 등으로 이어붙여 만들고 있습니다. 그러나 특히 가장 중요한 A필라와 B필라, 상하 프레임은 초강성 스틸로 만들고 있습니다. 이런 식의 재료 개선은 이젠 아우디뿐만 아니라 거의 모든 고급승용차에는 기본이 되어가고 있습니다. 대부분의 대량생산 자동차 섀시와 바디는 금속 박판 프레스 가공으로 주름을 잡은 각각의 파트들을 조각조각 이어붙이는 방법으로 만들어집니다. 각 조각을 이어붙이는 방법도 생산단가를 줄이기 위해 스폿용접으로 몇 군데 포인트를 찾아 붙이는 식으로 연결하거나 더 간단한 방법으로는 본드를 발라 붙이기도 합니다. 용접이나 본딩이 여의치 않은 부분들은 리베팅이나 볼팅도 사용합니다. 규모의 경제에서는 적은 돈이 모여 막대한 이윤을 창출하기 때문에 스폿용접 포인트도 꼭 필요한 부분만을 찾아 용접하고 본드도 마찬가지입니다. 이렇게 만들어진 자동차들은 바디의 내구성이 떨어지고 충돌 시 안전에도 영향을 미칠 수 있습니다. 사고 시엔 차가 찌그러지는 정도가 아니라 부서지기까지 하니까요. 자동차를 간단하게 정의할 때 바퀴 위의 '박스'라고 말하곤 합니다. 여기서 박스란 사람의 탑승공간을 일컫는데, 다른 말로는 캐빈이라고도 합니다. 이 캐빈은 간단하게 플로어와 루프 그리고 여러 개의 기둥으로 구성되어 있습니다. 그리고 루프와 플로어를 연결하는 지지대들을 필라(pillars)라고 합니다. 승용차는 루프와 연결되는 지지대가 3개이고 웨곤이나 SUV들은 4개입니다. 각각 A, B, C, D필라라고 부릅니다. 반면에 지붕이 컨버터블인 스포츠카나 지프차들은 A필라 하나뿐이거나 필라가 없는 것도 있습니다. 루비콘이나 랭글러는 앞 유리를 접는 기능이 있으므로 A필라는 앞 유리 접이용 도어로 설계 · 제작되어 있습니다.

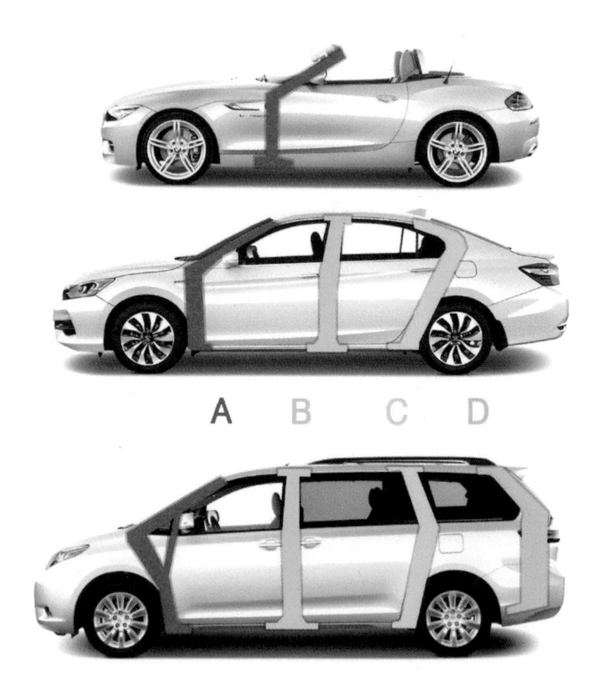

플로어와 루프를 연결하는 필러들

충돌실험: 사람을 지켜줄 수 있는 사례

그러나 특히 A필라는 정면충돌 시 가장 중요한 파트로서 절대 부러지지 말아야 하며 플로어와 루프를 끝까지 잡고 있어야 합니다. 위의 왼쪽 사진은 불합격 A필라입니다. 루프를 잡고는 있으나 꺾어졌기 때문입니다. 이런 경우 사람의 대퇴골이 골반을 치면서 하반신 영구손상이 올 수도 있습니다. 오른쪽 사진처럼 A필라가 꺾이지 않고 플로어와 루프의 형상을 유지해야 합니다. 물론 플로어와 루프 자체 강성도 뛰어나야 합니다. 필라들만 가지고는 소용없습니다. 전방충돌은 엔진룸이나 프론트 서스펜션기구들이 일차적으로 뭉개지면서 충돌을 흡수하는 설계를 해야 합니다.

다음의 왼쪽 사진은 세계대전의 전쟁물자가 민간으로 전환되어 80년 가까이 생산되고 있는 자동차입니다. 랭글러나 랜드로버, 지바겐 같은 지프형 군용장비 출신 자동차들은 사실상 박스 위에 상체를 내놓고 타는 차나 진배없었습니다. 그런데, 특히 이렇게 완전 개방이 가능한 지프는 미

개방감을 즐기는 지프 유저

전복사고로 무너진 지프 루비콘의 순정 롤바들

국에서는 전복사고가 잦아 가장 위험한 자동차임에도 가장 인기 있고 많이 팔린 SUV이기도 합니다. 그러나 나중에 추가되었던 내부 기성품 순정 롤바도 전복사고 시 인명을 보호할 만큼 튼튼하진 않았습니다. 그래서 더 강하게 대각선 방향 보강을 추가하여 커스텀 롤 케이지를 유저들이 스스로 추가 장착하는 게 보통이었습니다. 엔드유저들의 이러한 움직임과 점점 더 강화되는 안전규제 등으로 이제 루비콘 신형은 앞 유리를 접어도 내부에 A필라 역할을 하는 프론트 롤바가 남아있는 커스텀 보강대를 아예 순정기준으로 채택했습니다. 구형 프레임 바디 자동차들은 범퍼와 엔진과 바퀴를 받쳐주는 중앙에 두 갈래로 차를 종단하는 래더 프레임 섀시가 필요 이상으로 단단하여 충돌 시 충격을 흡수하긴커녕 그대로 반사 시켜 상대방 차를 크게 파손시키는 것은 물론 인명피해를 입히고, 남은 충격은 오히려 실내로 전달되어 탑승객의 신체적 손상이 컸습니다. 과거 프레임 바디 구형 갤로퍼 유저가 정면충돌 시 차는 멀쩡했으나 실내로 전달된 충격으로 인해 오히려 자기 차의 안전벨트에 의해 갈비뼈가 부러지는 사고를 당했던 일화는 차가 먼저냐 사람이 먼저냐 하는 논란을 불러일으키기도 했습니다.

민간용 자동차설계를 할 때, 엔진은 보호대상이 아니라 완충용으로 쓰여야 하며 프레임은 바퀴를 지탱하는 힘보다는 운전석을 보호하는 게 우선시되어야 합니다. 초창기의 SUV들은 전쟁이라는 특수상황의 다목적 자동차가 그대로 민간에 활용된 경우입니다. 따라서 기동성이나 응용능력이 중요했을 뿐, 승용차 같은 편의성은 중요한 설계변수가 아니었습니다. 속도도 80km/h 정도로 느린 편입니다.

지바겐 생산 공장

▲ 2.5톤의 차 무게와 인명을 감당하기엔 부족해 보이는 구조의 지바겐 A, B, C, D필라들. 이 형상과 구조는 사실상 항공기용 합금을 제대로 사용한다 해도 부족할 지경인데 이 차의 소재로 사용한 알루미늄은 타 재료들보다 강성이 약하므로 이 사진의 형상보다 필라들은 더 두툼해야 하고 내부에는 진정 기둥다운 구조물이 있어야 합니다.

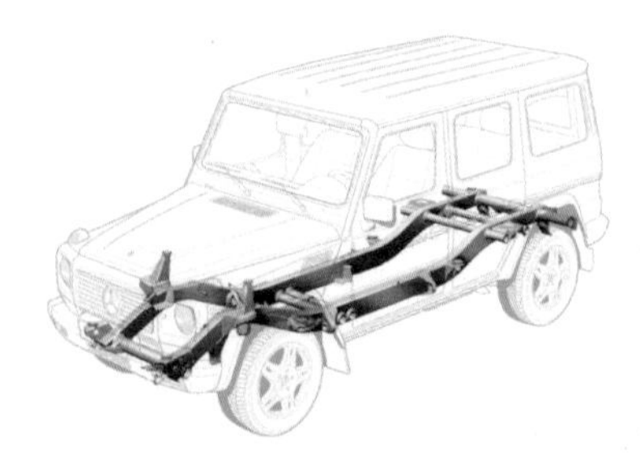

▲ 지바겐의 측면충돌 사고현장(2017년)

◀ 지바겐의 전복사고 현장(2008년)

군인들은 다양한 특수상황에 적응할 수 있도록 훈련된 사람들이라 이동용 장비의 승차감 따위로 불평할 새가 없습니다. 오히려 터프한 차를 좋아할지도 모릅니다. 그런 군인정신의 자동차를 좋아하는 오프로드 마니아들은 군용 차량을 구입하여 오지탐험이나 캠핑을 즐기기도 합니다. 그러다 보니 군용 자동차를 민간에 파는 자동차 시장이 형성되었던 것입니다. 야전에서는 승용차의 지붕이나 창문이 오히려 거추장스러울 수도 있습니다. 그러나 200km/h가 넘는 속도로 만들어 민간인에게 자동차를 판매하는 경우라면 인명안전을 위해서라도 하체 프레임 위주의 설계보다 사람이 탑승하는 바디 위주의 설계가 되어야 합니다. 자동차들은 전복사고 시 인명피해가 더 커지기 때문입니다.

지바겐에 탑승한 야전군

▲ 오픈루프로 차를 만들면 군인들이 신속하게 탑승 및 하차할 수도 있습니다. 군사작전 매뉴얼에 의한 군인 수송을 목적으로 하기 때문에 고속 승용차들에 비하면 매우 느린 편입니다.

자동차의 모든 필라들은 측면충돌에 대한 강성도 요구받습니다. 실내에 내력벽이 없는 B필라는 특히 더 잘 만들어야 하는 파트입니다. 그리고 A부터 C~D에 이르기까지 모든 필라는 루프와 플로어를 견고하게 잡아줘야 합니다. 건물로 치면 필로티를 예로 들 수 있습니다. 그런데 양산자동차들이 원가 절감과 무게 성능비[21] 향상을 이유로 자동차를 가볍고 간편하게 만들어 판매용 인증기준 정도만 통과할 수준에서 팔다 보니 검사기준보다 더 가혹한 실제 상황에는 인명보호를 제대로 하지 못합니다. 그

21) 한정된 엔진 출력으로 고성능을 내기 위해서는 상대적으로 자동차의 무게가 가벼워져야 한다는 엔지니어링 논리.

민간용 지바겐의 캐빈 루프와 윈도우 프레임

래서 대량생산 자동차 바디를 가져다 튜닝하여 경기에 출전해야 하는 모든 레이싱자동차들은 보강 및 롤 케이지 설치 작업이 기초가 되었습니다. 자동차의 보강 튜닝은 일차적으로는 충돌 시 인명보호의 목적과 2차적으로 자동차의 주행성능을 향상하기 위한 두 가지 목적이 있습니다. 온/오프로드 자동차에 상관없이 출동 및 전복사고에 대한 예방은 충분히 해야 합니다. 바디를 강화하고 사람이 타고 있는 공간을 중심으로 외부로부터의 충격을 이겨낼 수 있도록 보강 작업을 해야겠습니다.

다음 사진은 포르쉐 911의 한 유저가 속도대비 상대적으로 연약한 바디의 내부에 롤 케이지로 보강한 사례입니다. 과거 포르쉐 911의 순정 바디는 충돌 시 뒤편의 엔진룸 덩어리와 앞쪽의 프론트 서스펜션 뭉치에 의해 차가 운전석으로 접히는 취약점을 가지고 있었습니다. 때문에 내부 롤케이지를 하는 건 꼭 필요한 튜닝 작업입니다. 고속으로 달리는 자동차는 그 위험성이 속도의 제곱 배만큼 증가하므로 빠르게 달리는 자동차일수

포르쉐 911 구형

▲ 300km/h를 추구하는 구조물이라고 보기엔 너무도 얇은 A, B필라

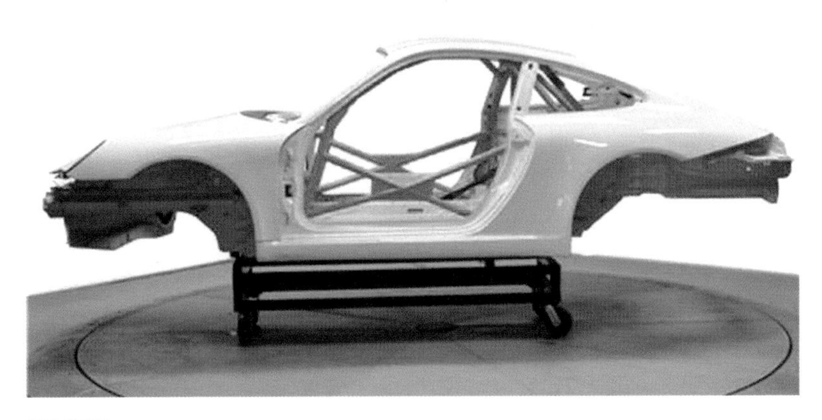

포르쉐 911

▲ 신형 바디 안에 이너 롤 케이지를 커스텀 제작해 넣은 사례

록 롤 케이지의 보강은 필수사항입니다. 사실 자동차 승인 제도는 자동차의 용도와 속도에 따라 빠를수록 더 안전하게 제작하도록 법적으로 차등 적용해야 합니다.

자동차의 충돌 및 전복사고에 대한 대비책으로 실내에 설치하는 내부 롤 케이지 외에도 엑소스켈레톤 케이지라는 자동차 외부 보호 장치도 많이 쓰입니다. 주로 오프로드 자동차들이 나뭇가지나 바위에 의해 자동자 외판이 찌그러지는 상황을 대비한 장착물입니다. 자동차의 외관뿐만 아니라 인명보호 및 섀시 강성을 보태주기도 하고, 추가 장비를 차에 장착할 때도 유용한 외장 프레임 형상의 구조물입니다. 이는 우리나라에선 실

외장보강(엑소스켈레톤 케이지) 사례

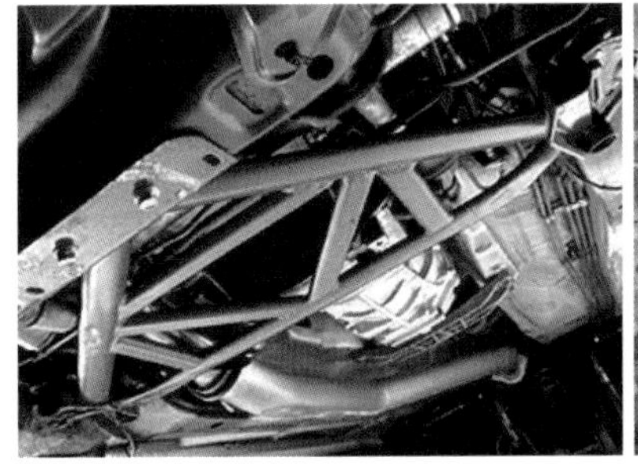

하체구조 보강 사례

스키드플레이트(차바닥 긁힘 방지)

내 탑승자가 아닌 외부의 보행자 안전에 관한 미인증 철제범퍼 추가 장착 금지조항에 걸려 자유롭게 장착하는 데는 한계가 따르는 아이템입니다.

슈퍼카나 하이퍼카들은 모노코크 섀시나 프레임 바디 같은 방식으로 만들지 않고 터브라고 하는 운전석 공간의 앞뒤로 파워 트레인과 드라이브 트레인을 이어붙이는 방법으로 제작합니다. 마치 사람이 욕조 안에 눕듯이 앉아 있는 것 같다 하여 '터브(tub)'라 부르며, 그러한 터브에 A, B필라와 루프를 달고, 안에는 시트를 배치하고 조종계기판과 스티어링 핸들이 장치됩니다. 오늘날 고성능 자동차에 널리 이용되고 있는 카본파이버 모노코크 섀시는 가볍고 튼튼하다는 장점은 있으나 일정한도 이상의 충격에서는 오히려 부서져 버리는 단점도 있습니다. 바디 외판처럼 사람을 직접 감싸지 않는 부분은 카본파이버 성형품을 그냥 쓴다 해도 터브와 같은 구조물을 설계할 때는 파손 예방을 위해 금속 보강파트들이나, 인장강도가 좋은 다른 복합소재들을 함께 사용하여 충격에도 부서지지 않도록

슈퍼카 터브 유닛

섀시를 구성하는 다양한 노력을 하고 있습니다. 세계적인 수제자동차의 명품들, 예를 들면 롤스로이스나 마세라티 같은 것들은 BMW나 페라리의 섀시를 거의 통째로 가져다 쓰고 내장재와 바디 외형만을 별도로 제작하는 형태를 취합니다.

그 밖에 튜닝으로 시작해서 완성차 업체가 되기도 하고, 수리 겸 리빌드 방식으로 수익을 올리는 아메리칸 스타일 핫로드들도 있습니다. 사실 자동차 기업들의 제품 라인업에는 몇 안 되는 플랫폼으로 수십여 종의 새로운 모델이 나오는 것도 우리가 모르는 사실은 아닙니다. 부품을 공유하거나 표준화한다는 것은 제조업에서 매우 현실적인 이익과 경쟁력을 주

카본파이버 모노코크 섀시

기 때문입니다. 기준 플랫폼에서 크게 벗어나지 않고 여러 차종을 생산하는 건 슈퍼카 메이커도 크게 다를 바 없습니다. 메이커들 나름대로는 자동차의 패키지 레이아웃과 프레임 스트럭쳐를 하나 완성하기까지 나름의 고민과 시행착오들이 반영된 최적의 상품들이기 때문입니다. 그러나 문제는 그렇게 완성한 것도 개선의 여지는 늘 있으며, 개별 유저들의 주관적 취향과는 다른 것입니다. 그러기 때문에 튜닝이라는 과정은 고도의 경험과 지적인 활동을 바탕으로 한 전문 분야인 셈입니다.

세상에는 무수히 많은 좋은 차 또는 나쁜 차가 있지만 결국 자기에게 잘 맞는 차가 세상에서 가장 좋은 차입니다. 자신의 라이프 스타일과 운전성향, 그리고 차의 용도는 방송이나 잡지에서 시승기를 말하는 사람들의 취향을 따를 게 아니고 자신의 주관을 따라야 좋은 차를 고를 수 있습니다. 남들의 평가 기준을 의식하면 결국 자기 차가 아니라 남의 차를 사는 것입니다.

서스펜션

아무리 차체 프레임 튜닝을 잘했다 해도 결국 바퀴가 시원스럽게 굴러가지 않으면 허사가 되어버립니다. 동력의 힘이나 유선형도 중요하지만 사실상 자동차의 성능은 차체 프레임과 지면을 구르는 바퀴 사이의 연결 구조물인 서스펜션 지오메트리에서 그 기본이 결정됩니다. 흔히 서스펜션을 댐퍼와 스프링까지만 생각하는데, 사실상 서스펜션은 스핀들이나 동력차축이 설치된 너클과 스티어링 암 및 휠얼라인을 위한 로어 암과 어퍼 암 그리고 다양한 컨트롤 링크들과 함께 구성되어 있습니다. 그리고 최종적으로는 엔진으로부터 차체 프레임과 연관된 하나의 유닛입니다.

서스펜션은 오프로드카들은 거친 들판에서 크고 작은 점프를 자주 하고, 온로드 자동차들은 좌우로 차선을 바꾼다거나 급커브에서도 빠른 핸들링을 할 수 있는 구조여야 합니다. 만약에 양산형 일반 승용차를 공장출고 순정 그대로

온/오프로드 경기 트랙에서 경기용 자동차와 같은 속도로 달린다고 가정할 때, 그 차는 얼마 가지 않아 서스펜션 파트가 망가지게 됩니다. 그래서 랠리경기용 차는 댐퍼와 스프링 세팅을 차 중량의 열 배를 견딜 수 있게 강화합니다. 오프로드 SUV라면 2톤 가까운 중량이므로 20톤의 하중을 버틸 수 있는 튼튼한 서스펜션이어야 오프로드에서 조금 달려 볼 수 있을 것입니다.

공장출고 되는 순정 자동차들은 오프로드 점프나 고속 와인딩, 슬라롬 테스트 같은 건 형식승인 검사에 없고, 그런 경우 메이커들은 대체로 미니멈 스펙으로 설계하여 원가를 줄입니다. 그래서 순정 승용차로 스포츠를 즐기기 위해서는 튜닝 과정이 필요한 것입니다. 수십 톤의 충격량을 버티는 레이스카 스펙까지는 아니더라도 적어도 공장출고 순정보다는 두세 배 정도 튼튼하게 튜닝 작업을 해야 어느 정도의 아마추어 레이싱을 진행할 수 있습니다. 그러나 이렇게 자기 하중의 몇 배가 넘게 강화된 서스펜션이라 해도 실제 경기에서는 자주 부서지는 게 자동차의 서스펜션입니다. 반면에 그토록 강한 부품파트가 부서진다는 것은 운전자의 책임도 있습니다. 차가 부서지지 않는 범위에서 최대의 성능을 끌어올리는 것이 운전자의 실력 아닐까 생각합니다.

그런데 자기 하중의 열 배는 고사하고 그냥 순정 상태에서 오프셋은 빼고, 타이어는 키운, 모양만 그럴싸하게 변형한 차들이 해외에도 너무 많습니다. 이를 일명 '양카'라고 하지요. 물론 휠타이어 바꾸고 스페이서만 다는 것이 저렴하기 때문에 그렇겠지만, 순정서스펜션에 오버스펙 휠타이어를 장착하면 서스펜션 구조가 상대적으로 더 약해진다는 것을 명심해야 합니다. 서스펜션이 골격과 근육이라면 휠타이어는 신발과 같습니다. 제아무리 강인하고 뛰어난 순발력을 가진 사람도 신발이 헐렁하면 제대로 달리지 못합니다. 신발이 발에 잘 맞아야 잘 달릴 수 있듯 휠타이어는 차의 서스펜션 지오메트리의 스펙요소 중 하나로 차의 엔진과 기어박스 및 프레임과 함께 계산되는 대상입니다. 따라서 휠 타이어는 차의 스펙과 용도에 맞는 적정 휠과 타이어를 장착해야 합니다.

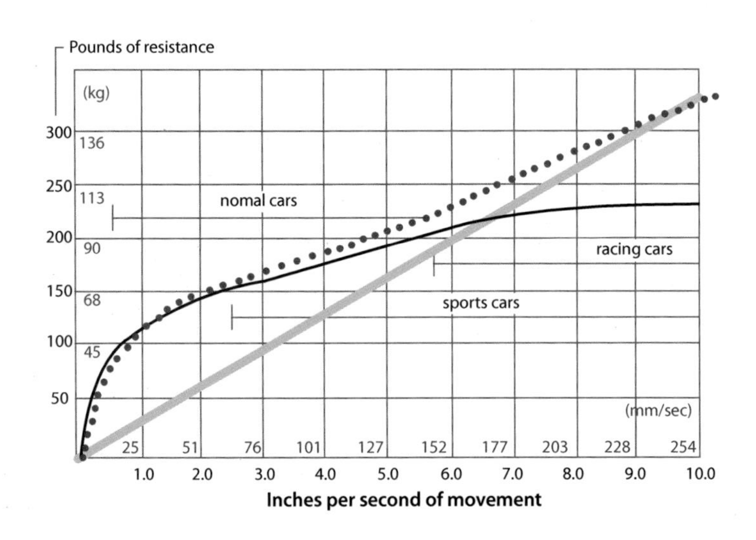

위의 도표는 댐퍼(쇼크 업소버)의 감쇄력과 저항 하중 관계를 보여주고 있습니다. 이 표에서는 리니어 타입(linear type: 녹색 라인)과 디그레시브 타입(digressive: 검은색 라인)의 댐퍼 두 종류를 하나의 좌표평면에 비교하고 있습니다. 현가하중량에 따라 달라지겠지만 댐퍼의 콤프레션은 스프링 레이트보다 약하게, 리바운드는 스프링이 버티는 하중 수준으로 상대적으로 강하게 스프링이 튕기는 힘을 잡도록 하는 것이 승차감을 위해선 좋겠습니다. 서스

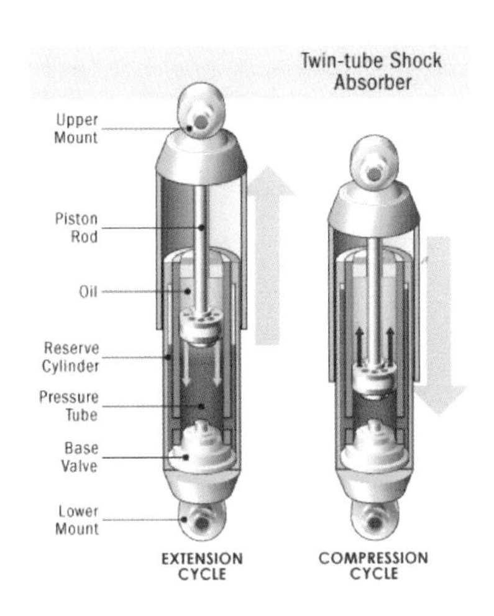

리프 스프링

토션 바 스프링

코일오버 스프링

펜션에 사용되는 스프링은 리프 스프링, 토션 바 스프링, 코일 스프링 그리고 에어 스프링이 대중적으로 쓰입니다. 그중에 에어 스프링을 사용하는 서스펜션 시스템을 에어서스 또는 에어 리프트라고도 부릅니다. 요새는 에어라이드 라는 말도 사용합니다. 어느 분야든 용어는 메이커마다, 실무에서 일하는 기술자들이나 국가마다 조금씩 다릅니다. 그렇게 새로운 분야일수록 용어는 제각각 불리다가 어느 특정 업체나 국가의 표현이 전문용어로 통용됩니다.

아래 사진은 스타렉스의 네 바퀴에 에어 서스펜션을 장치한 사례입니다. 차고측정센서 겸 차고조절 밸브, 에어 스프링, 스타렉스의 가반하중에

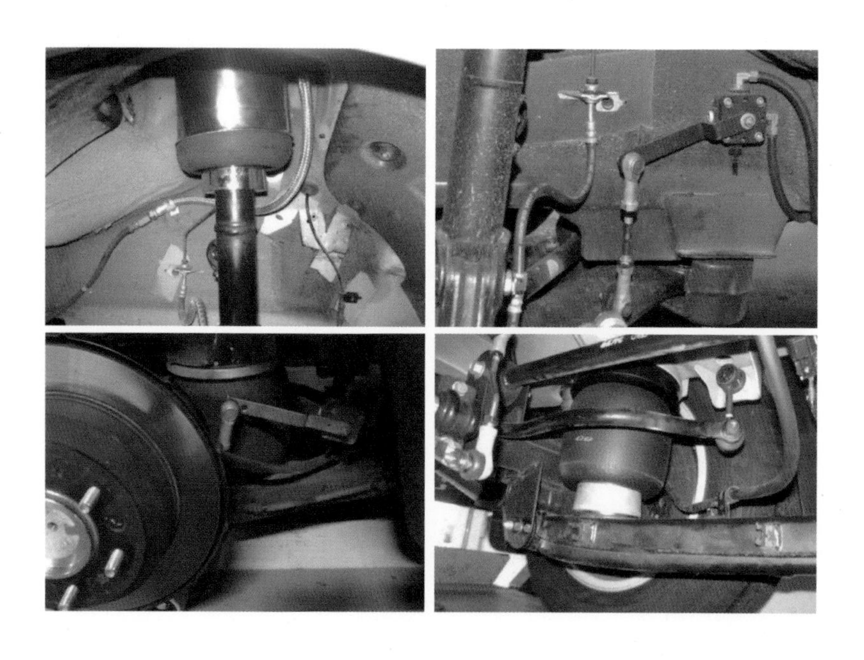

밸런스를 맞춘 에어 서스펜션의 둥실둥실한 승차감은 2톤이 넘는 차 무게와 6명 내외의 사람을 태우고, 100~200kg의 짐까지 싣고 다니기에 적절합니다. 굴곡이 심한 길에선 차체를 잠시 올리고 지상고가 낮은 실내주차장은 차체를 바닥에 닿을 듯 내려서 드나들 수도 있습니다. 그러나 에어 서스펜션 시스템은 아직 기술적 완성도가 충분하지 못한 분야라 잔 고장이 심한 편입니다. 산골 오지에 갔다가 에어 스프링이 터지는 경우도 있습니다. 게다가 범용 대량생산 시스템도 아니고 세계적으로 모든 메이커가 통일된 설계표준을 따르는 것도 아니라 한번 고장 나면 부품을 구해 수리하기도 난감합니다.

잔 고장의 유형은 대체로 에어 스프링이 새는 문제인데, 공기가 흐르는 관로의 이음새에서 문제가 가장 심합니다. 겨울철에는 공기 압축열에 의해 발생하는 응축수가 제대로 걸러지지 않아 관로에 막힌 채 얼어버려 차가 주저앉기도 합니다. 에어 콤프레셔는 압축공기를 주입하는 역할을 합니다. 대기 중의 공기에 섞인 수분을 분리하여 시스템 내부에는 마른 공기만을 주입해야 하는데, 수분 분리기라고 달아 놓은 부가장치가 정상작동하지 않아 관로나 서스펜션 내부에 물이 차고 겨울에는 얼어 기관을 마비시키기도 합니다. 주로 공기관의 연결부품인 니플이 얼면서 쪼개집니다. 에어시스템 내부에 물이 찬 채로 있으면 여름철엔 세균도 번식하며 내부에서부터 부식작용이 일어나 여기저기 문제가 발생합니다. 이런 식의 잔 고장들 외에 큰 고장도 발생합니다. 에어 콤프레셔가 사용한 지 1년, 수십 회도 되기 전에 압축펌프 유닛이 헐거워지면서 압축을 발생시키지 못한다거나 일체형 에어 스프링의 경우 앞바퀴에 적용하는 에어 스프링 마운트에 드러스트 베어링이 부실하여 유턴하다 고무가 찢어지기도 합니다. 이런 고장이 산골 오지에 갔을 때 발생한다면 콜택시에 견인비, 수리비까지…. 몇 차례만 겪어도 차 한 대 값이 나올 수도 있습니다. 그럼에도 불구하고 수십 년째 이러한 에어 서스펜션을 고급차종에 옵션 또는 기본으로 장착하는 회사가 여럿 있습니다. 랜드로버나 벤츠 같은 회사인데, 그런 회사의 에어 서스펜션 시스템도 스타렉스의 사제 에어 서스펜션 체험내역과 거의 동일한 시행착오를 거쳤을 것입니다. 어쩌면 조금 더 심했을 수도 있고요. 그리고 오늘도 메이커 차원에서 하나씩 해결하고 있겠죠. 신형으로 갈수록 점점 좋아지고 있으리라 믿습니다. 장비의 생명은 뭐니 뭐니 해도 '신뢰성'과 '내구성' 아니겠습니까.

에어 서스펜션은 차를 간편하게 들었다 놨다 하는 장점이 있습니다. 고속도로를 빠르게 달릴 때는 자동차의 차체가 지면과 가까워야 하고, 강변이나 시냇물을 건널 때는 지면과 떨어질수록 유리합니다. 에어 서스펜션은 콤프레셔, 솔레노이드밸브, 배관, 차고측정센서, 컨트롤러, 배선, 에어스프링과 마운트, 에어탱크, 수분 분리기 등으로 구성되어 있습니다. 그리고 자동차 서스펜션은 너클, 어퍼 암, 로어 암, 스티어링 링크, 스태빌라이저, 그리고 쇼크 업소버(shock absorber: 댐퍼)와 스프링으로 구성되어 있습니다. 이들 중 특히 쇼크 업소버의 기능은 스프링의 잔 진동을 억제하는 역할을 하는데, 스프링에 가해지는 힘은 압축력(콤프레션)과 신장력(리바운드)으로 구분됩니다. 쇼크 업소버는 오일이나 가스가 피스톤 내부에서 위치를 이동해가며 스프링이 출렁거리지 않게 억제하는 구조를 하고 있는데, 메이커에 따라 오일에 자성물질을 혼합하여 점도를 전기제어하기도 합니다. 아예 기계적으로 유동경로를 조절하는 것도 있으며, 댐퍼(쇼크 업소버)의 효과는 탁월한 승차감을 선사하고 커브에서는 접지력도 향상해줍니다. 차가 주행하는 모습을 잘 살펴보면 길바닥의 요철을 따라 바퀴는 덜컹이지만 차체는 평형을 유지하면서 달리는 것도 댐퍼의 효과 때문입니다. 대개의 튜닝 용품들은 콤프레션을 약하게 하고 리바운드를 상대적으로 느리게 세팅합니다. 그렇게 하면 휠이 노면의 돌출부에 부딪혔을 때 스프링이 빠르게 압축되면서 차체로 전달되는 충격을 즉시 상쇄하고, 연이어 소프트하게 억제된 리바운드로 인해 스프링 신장이 제한되어 잔 진동은 1회 이상 반복되지 않는 훌륭한 승차감을 선사합니다. 반대로 지그재그나 급커브를 빠르게 선회하는 트랙션 운동을 할 때는 약한 콤프레션보다 오히려 강한 콤프레션으로 롤링포스를 억제합니다. 그러나 이렇게 되면 요철을 만났을 때, 자동차 휠의 충격이 거의 그대로 차체에 전달되어 승차감은 최악이 됩니다. 서스펜션의 운동성과 승차감은 상반된 조건이므로 공도용 튜닝카들은 댐퍼압력과 스프링 레이트를 조금만 높여서 최악의 승차감과 최상의 트랙션효과의 중간에 세팅합니다. 그래서 튜닝용 서스펜션을 장착한 승용차의 경우 결국 승차감과 운동성 어느 쪽도 시원스럽게 해결하지 못합니다. 승차감과 운동성을 모두 갖추기 위한 신기술로 다양한 방식의 액티브 댐퍼시스템이 도입되는 이유도 이 분야가 그만큼 민감하고 어려운 분야이기 때문입니다.

공기스프링을 이용한 에어 서스펜션 구조는 다른 스프링 서스펜션에 비해 유연한 탄성을 얻을 수 있고 노면의 작은 진동도 흡수하기 때문에 승차감이 좋습니다. 따라서 장거리를 주행하는 자동차에 많이 쓰입니다. 이러한 에어 서스펜션은 튜브를 적층한 형상을 한 벨로우즈(bellows) 타입과 공기막이 말려 들어가는 구조의 다이어프램(diaphram) 타입, 그리고 이를 복합한 콤비네이션 타입으로 구분되는데, 벨로우즈 타입보다는 다이어프렘 타입이 중량의 변동에 따른 스프링 상수 변동이 적어 유연성이 유지되며 고속 안정성 또한 우수합니다. 물론 모든 에어 서스펜션이 차고조절을 하는 게 주된 목적은 아니지만, 구조적 장점을 활용한 차고조절식은 널리 확산되는 추세이며 요즘의 승용차용 에어 스프링은 쇼크 업소버와의 일체형 구조로 해서 횡방향에 대한 구조적 취약점을 극복했고 맥퍼슨 타입의 서스펜션 구조도 가능해졌습니다. 에어 서스펜션은 주행품질 제어성능도 일부 있기는 하나, 반응속도가 빠르지 않았습니다. 이에 따라 주행상황에 따른 사이드 롤링 제어나 스쿼트나 다이브 현상을 억제하는 유압 솔레노이드를 장착하는 신형 자세제어 서스펜션들이 발달하고 있습니다.

이렇게 다양한 스프링들과 댐퍼는 자동차의 휠 베어링을 감싸고 있는 너클을 기준으로 위아래로 컨트롤 암을 대고 앞뒤 방향으로 트레일링 암을 추가하여 차체와 바퀴를 연결합니다. 그리고 네 바퀴의 댐핑을 각각 독립적으로 제어하는 독립 현가 방식 자동차의 주행 중 바디평형유지 성능은 이미 입증된 좋은 구조입니다. 바디에 대해 네 개의 바퀴가 모두 독립적으로 작용하므로 승차감 유지에도 좋죠. 그래서 고급승용차는 대부분 기본적으로 앞뒤 바퀴 모두 독립 현가 방식으로 서스펜션을 세팅합니다. 독립 현가 방식의 대표적인 서스펜션 구조로는 더블 위시본이나 멀티링크 스트럿 방식이 널리 활용되고 있습니다. 이들 서스펜션은 온로드 레이싱카들은 몇 가지 구조적 문제로 부득이하게 하중 중립 직진모드에서도 약간의 마이너스캠버를 세팅해야 하지만, 커브에서 바디롤링에 대한 다이내믹 캠버의 변화가 좋고, 노면에 대한 범프 스티어 현상에 대해서도 안정감을 유지할 수 있습니다.

대부분의 자동차 레이싱은 양산차를 튜닝해서 출전하는 규정을 따르고, 레이싱팀들은 양산품의 서스펜션 지오메트리를 아예 새로 만들다시피 하여 정밀하고 민감하게 세팅합니다. 커브의 롤링포스에 의해 차가 일정각도 롤링할 때 그에 비례하여 마이너스 캠버를 함께 유도하면 마치 산악인이 바위에서 미끄러지지 않으려고 애쓰는 발목과 신발 바닥과의 관계처럼 커브에서 차를 옆으로 미끄러지지 않게 하여 빠른 속도로 커브를 돌아나갈 수 있게 해주는 것입니다. 이처럼 서스펜션 지오메트리와 휠타이어와의 상관관계는 매우 밀접합니다.

휠타이어 그리고 서스펜션의 세팅에 있어서 아커만 앵글(Ackerman Angle) 지오메트리는 타이로드와 너클의 스티어링 컨트롤 암의 성형각도에 의해 유도됩니다. 도학적으로 볼 때는 뒷바퀴의 중심으로부터 연장선을 그어 각을 크게 또는 작게 잡습니다. 각을 크게 하면 스티어링은 더 회

전반경을 줄이는 상대적 토-아웃을 유도하며, 급한 선회를 즐기는 와인딩 모드에 잘 어울리게 됩니다. 이 원리는 인류가 마차를 만들던 1800년대 초, 독일에서 특허를 냈지만 1700년대 중반에 영국에서 가르쳐준 것이라며 독일과 영국 간의 특허분쟁이 있는 상황이기도 합니다. 차의 설계에서 범프스티어나, 토크스티어, 다이내믹캠버, 캐스터 등을 모두 고려한 종합적 서스펜션 지오메트리를 구하는 건 기본 중에 기본이지만, 무엇보다도 자동차 앞바퀴의 토우 값을 결정하는 아커만 앵글이 잘 설정되어야 차바퀴가 운전자의 의지에 따라 잘 굴러갈 수 있습니다.

타이어의 접지가 완벽할 수는 없고 차의 중력 가속도가 동적인 이상 서스펜션 지오메트리의 설계는 기하학적인 상관관계 상의 작도(geometry)만으로는 올바르게 얻어질 수 없습니다. 이처럼 자동차가 고속으로 선회하는 경우 뒷바퀴의 슬립에 의해 기준설계에 비해 자동차의 선회중심이 앞으로 이동하거나, 심할 경우(드리프트를 하는 정도)는 차의 선회중심이 차의 앞바퀴보다 앞으로 가버려 카운터스티어를 해야 하는 상황이 오면 아커만 앵글의 기하학적 관계도 달라져야 합니다. 물론 대부분의 승용차들은 타이어의 슬립 없이 정상주행을 기준으로 삼기 때문에 이러한 극한 상황을 고려할 필요는 없습니다. 그러나 오프로드를 고속으로 달리거나 아스팔트 드리프트 성능을 극대화하기 위한 서스펜션 지오메트리는 개념이 달라질 수밖에 없죠. 그렇다면 스포츠카의 이상적인 아커만 앵글은 어떻게 구할 수 있을까요? 그것은 아마도 레이스팀과 운전자의 성향에 따라 제각각일 것입니다. 다만, 공개된 설계의 공통요인은 뒷차축의 중심과

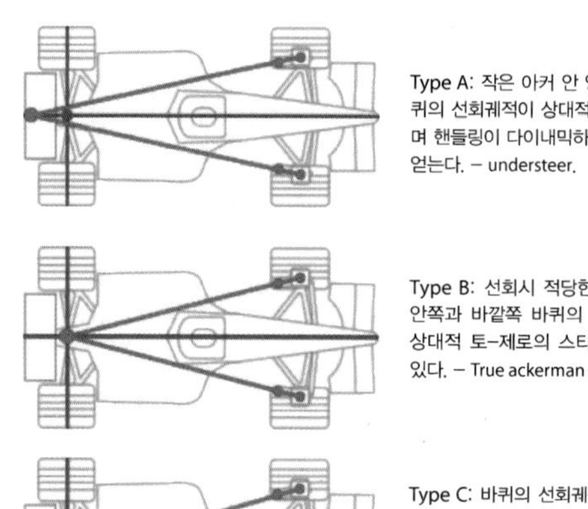

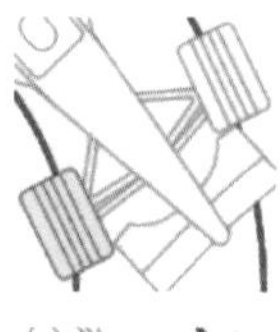

Type A: 작은 아커 안 앵글 세팅은 선회시 바퀴의 선회궤적이 상대적 토-인을 유도하게 되며 핸들링이 다이내믹하지 않고, 언더스티어를 얻는다. – understeer.

Type B: 선회시 적당한 토 아웃을 유도하여 안쪽과 바깥쪽 바퀴의 선회궤적과 일치하는 상대적 토-제로의 스티어링 각도를 얻을 수 있다. – True ackerman angle.

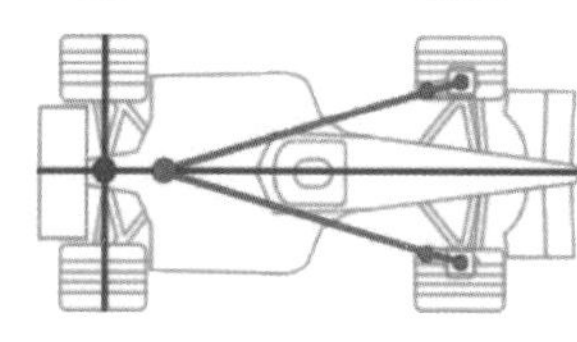

Type C: 바퀴의 선회궤적에 비해 상대적 토-아웃을 유도하여 회전 반지름을 줄이는 효과와 다이내믹한 스터링을 얻을 수 있다.
– oversteer.

연구: 위의 세가지 타입중 어느것이 자기차에 맞는지는 각자 운전자의 성향에 따라 다르다.

앞바퀴 너클의 스티어링 암의 각도와 타이로드와 자동차 중심선과의 각도 등의 상호관계를 통해 설계 기준을 잡는 아커만 앵글의 변화량은 특히 프론트휠의 토우앵글과 관계가 깊다는 정도뿐입니다. 예를 들어 아커만 앵글을 크게 잡고 프론트휠에 토우인을 하는 경우와 아커만 앵글을 작게 잡고 프론트휠에 토우아웃을 하는 경우 차는 오버스티어와 언더스티어의 상반된 주행특성이 나타납니다.

대량생산 자동차메이커들은 원가를 절감하고 제작성과 정비성을 쉽게 하기 위해 토션빔 액슬을 개발했는데요, 과거에 사용하던 트레일링 암 방식의 서스펜션 지오메트리를 하나의 통으로 묶어 액슬과 트레일링 암을 일체화했습니다. 따라서 차는 더 가벼워질 수 있었고 생산단가를 낮출 수 있었죠. 이러한 토션빔 액슬은 당연히 저가형 보급형 자동차에 활용되었습니다. 저가형 국민차의 대명사였던 비틀의 후속작 폭스바겐 골프가 그런 사례였습니다. 사실 토션빔 액슬은 뒷바퀴의 접지를 쉽게 상실하는 구조였는데, 핸들링의 왕자로 등극하기도 했던 골프는 이러한 구조적 핸디캡을 가벼운 차 무게와 짧은 오버행으로 극복했습니다. 그러나 오늘날의 토션빔 액슬은 스태빌라이저 바의 역할과 동시에 다이내믹 캠버도 유도되어 접지가 나빠진다는 것은 옛말이 되었습니다.

이러한 온로드카들에 비해 오프로드카들은 솔리드(리지드) 액슬을 많이 씁니다. 이유는 수직방향으로 휠의 트래블을 길게 뽑을 수 있기 때문입니다, 솔리드 액슬은 오프로드 주행 시 중앙에 있는 디퍼렌셜 기어 케이스가 장애물이 되는 상황이 자주 발생하다 보니 기술자들은 포탈액슬을 개발했습니다. 허브에 물린 기어셋을 포탈기어 혹은 드롭기어라 부릅니다. 기어비를 약간 올려 토크를 향상하고 더 큰 휠타이어를 장착할 수도 있습니다.

자세제어장치

일반적으로 에어 서스펜션은 닐링이나 업다운 등의 바디컨트롤 기능을 하긴 하나, 그리 신속하진 않았습니다. 그래서 요즘엔 유압식 솔레노이드로 신속하게 반응하는 하이들로릭 바디컨트롤 시스템을 도입하고 있습니다. 신속하게 차를 올렸다 내릴 수 있어 급출발 시 앞이 들리는 스쿼트나 급제동 시 뒤가 들리고 앞이 내려가는 다이브 현상을 실시간으로 억제하고 주행방향으로 롤링 자세도 만들어 마치 비행기나 요트를 타는 듯한 승차감을 만듭니다. 이러한 자동차 바디 컨트롤 장치는 지상고가 낮게 설계된 신형 스포츠카들이 과속방지턱을 넘어가기 위한 필수 아이템이 되어가고 있습니다. 그러나 에어 서스펜션을 사용하는 고급승용차들도 에어 서스펜션의 댐퍼압을 좀 더 능동적으로 제어하고 동시에 스태빌라이저의 비틀림 모멘트를 추가하는 기술을 병행하여 고속에서는 레이싱카 같은, 그리고 저속에서는 유람선을 타는 듯한 승차감을 발휘합니다.

electro-mechanical. active roll stabilzation (eAWS)

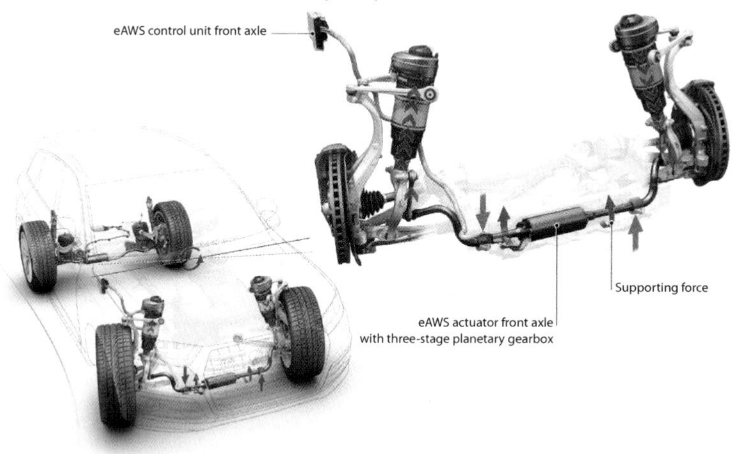

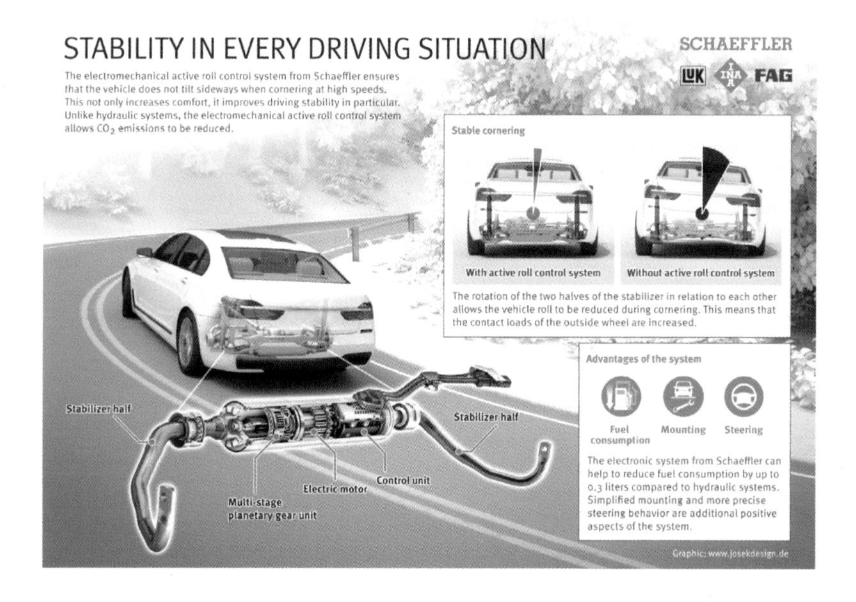

앞 장의 그림은 에어 서스펜션의 댐퍼와 공기압 그리고 가변 스태빌라이저를 통해 롤링을 제어하는 아우디의 사례이고, 아래는 BMW의 롤링 제어 장치를 설명한 그림입니다. 유성기어와 전동모터 그리고 컨트롤 유닛으로 구성된 스태빌라이저 바가 설치되어 있습니다.

벤츠도 ABC 서스펜션 시스템(active body control)이라고 이름 붙인 나름의 방법으로 자동차의 자세를 제어하고 있습니다. ABC 시스템은 유압식 솔레노이드를 쇼크 업소버와 직렬로 연결하여 자동차의 롤링과 스쿼트, 다이브를 동시에 억제합니다. 실시간 전방 노면 스캔 자료와 함께 승차감 조절도 가능합니다. 주행방향으로 롤링을 제어하는 이런 장치들은 보통 유압 솔레노이드와 에어 스프링 그리고 댐퍼까지 3가지 구성품이 일체형으로 제작된 시스템입니다. 가속도 센서와 차의 진행방향에 대한 수학적 계산을 통해 자동차의 자세가 유공압으로 제어되죠. 이러한 자세제어 장치들은 급선회가 반복되는 와인딩 커브에서는 리액션이 비교적 빠릅니다. 그래서 차에 타고 있는 사람들에겐 비행기로 지면을 비행하는 듯한 쾌적한 라이딩 감각을 선사합니다.

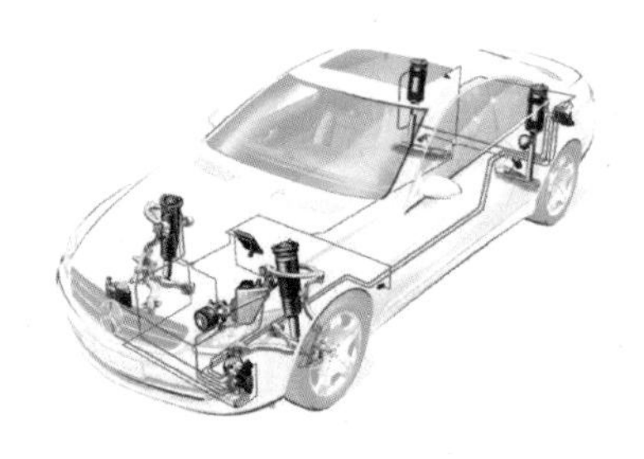

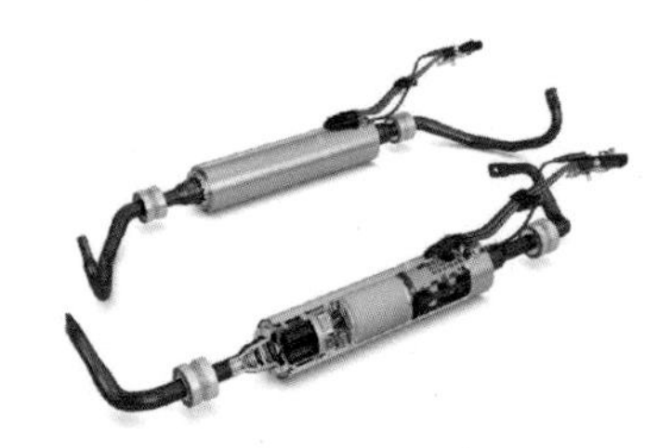

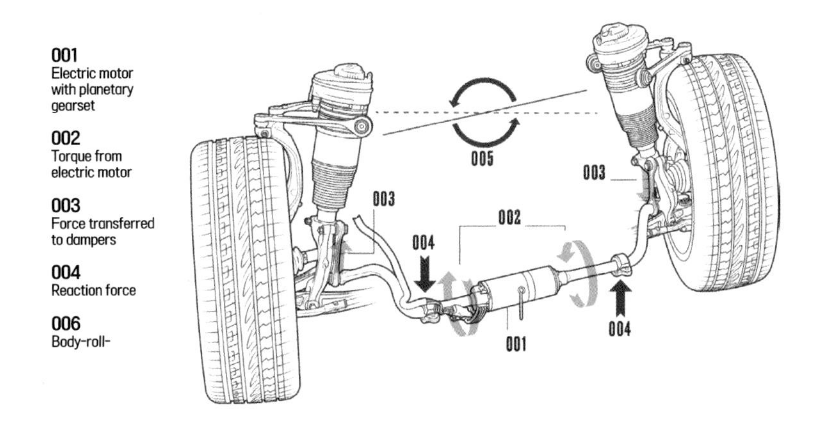

일명 안티롤바 또는 활대라는 말로 통용되는 비틀림 스프링의 역할을 대부분의 운전자들이 단순히 차의 롤링을 억제하는 정도로 생각해 강한 걸 찾습니다. 그러나 스태빌라이저 운동역학은 그리 단순하지 않습니다. 스태빌라이저는 롤링 억제와 함께 트랙션보조와 롤링포스에 의한 타이어 접지하중의 분산이라고 하는 미묘한 작용을 겸하는데요, 레이싱카처럼 쇼크 업소버와 스프링을 거의 리지드 프레임 수준으로 강화하는 경우에는 스태빌라이저의 역할을 서스펜션이 거의 다 하지만, 그렇지 않은 일반 스포츠 서스펜션이나 순정 승용차 서스펜션은 스태빌라이저의 역할이 상당히 미묘합니다.

예를 들어, 차가 오버스티어 하는 경우 앞바퀴 바깥쪽으로 중량이 쏠리게 되는데 이때 너무 강한 스태빌라이저가 장치된 차는 앞바퀴 바깥 타이어에 집중되는 토션 모멘트를 이어받아 앞바퀴 안쪽 타이어는 접지력을

상실하게 됩니다. 게다가 이러한 급선회 시 브레이킹까지 하면 다이브 현상이 겹쳐 뒤가 뜨며 결국 앞바퀴 바깥 타이어를 회전축으로 하여 스핀하는 사고를 낼 수도 있습니다. 따라서 스태빌라이저는 무조건 강한 게 좋은 건 아닙니다. 흔히 양산자동차에 스톡으로 장치된 스태빌라이저는 차의 중량분포와 주행성능에 맞게 적절히 계산된 장착물로서 자동차회사 연구소가 테스트한 시험 범위를 벗어날 것이 아니면 일단은 순정 그대로 쓰다가 본인의 운전성향과 자동차의 세팅 사이에 적절한 합의점을 찾아야 합니다. 반면에 오프로드카는 험로에서는 오히려 차를 좌우로 출렁이게 하는 거추장스러운 스태빌라이저를 일시적으로 해제하는 스웨이오프 기능을 필요로 합니다.

스태빌라이저의 비틀림 모멘트는 타이어 접지력의 분산 및 집중과 바디롤에 대한 안티롤의 두 가지로 힘이 전환됩니다. 우리가 흔히 알고 있는 바디에 대한 안티롤바로서의 스태빌라이저의 체감성능은 타이어 접지력 효과 상승에 대한 역할보다 더욱 직관적으로 느껴지고 곧바로 승차감이라는 변수에 영향을 미치는데, 커브길 선회 시 또는 '칼치기' 등으로 차가 좌우로 롤링하는 경우, 일차적으로 쇼크 업소버의 콤프레션/리바운드

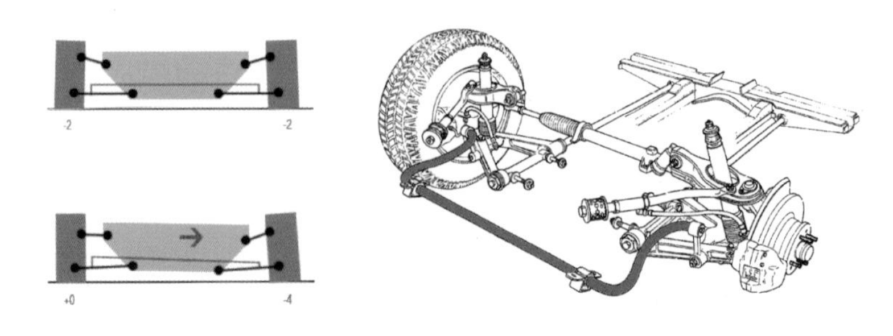

레이트에 의해 롤링포스가 억제되며 보조적으로 스태빌라이저의 비틀림 모멘트가 서스펜션 좌우의 각각의 컨트롤 암의 각도에 균형을 유지하려는 성향으로 반작용을 일으킵니다.

왼쪽 사진은 차가 좌회전할 경우 우측으로 발생한 바디롤에 대해 좌측 컨트롤 암의 각도가 아래로 내려가고 우측 컨트롤 암의 각도는 위로 올라가는 경우를 표현한 것입니다. 이때 좌우 컨트롤 암에 걸린 비틀림 모멘트가 선회방향 안쪽 타이어의 접지력을 상대적으로 약하게 만드는 현상을 보여줍니다. 따라서 접지력의 측면에서 볼 때 다이내믹 캠버와 연관하여 스태빌라이저 장착을 고려할 경우라면 스태빌라이저 바를 무조건 강하게 하는 것이 효율적인 것은 아닙니다. 심하게 말해서 다이내믹 캠버의 설계가 완벽에 가깝고, 숏트로크의 서스펜션 지오메트리를 가진 레이스카의 경우라면 스태빌라이저는 불필요한 장착물이 될 수도 있다는 말입니다. 그러나 급선회를 반복적으로 해야 하는 경우 앞 스태빌라이저는 뒷바퀴의 슬립을 억제하여 오버스티어 성향을 잡아주며 뒤 스태빌라이저는 앞바퀴 좌우로 접지력 균형을 유도하여 안정적인 핸들링 보조 효과를 기대할 수 있습니다. 즉, 좌우 바퀴에 비해 앞뒤 바퀴에는 접지력 분산효과가 있으므로 전체적인 밸런스에서는 스태빌라이저를 필요한 장착물로 보는 게 많은 엔지니어와 드라이버들의 의견입니다. 물론 이 경우 바디의 비틀림 강성 확보가 전제조건으로 따르겠지요. 이런 경험담들은 레이스카가 아닌 일반 승용차 또는 스포티카의 스태빌라이저의 운동역학에서도 마찬가지입니다. 그러나 레이싱카에 비해 상대적으로 서스펜션의 스트로크가 긴 편이고 바디롤링 각도도 큰 일반 승용차들의 스태빌라이저에 대한 해석은 안티롤바로서의 개념에 더 가깝습니다. 주행 중 바디가 좌우로 출렁거리지 않도록 안정화하는 것은 차의 승차감과 직결되기 때문입니다.

스태빌라이저의 비틀림 모멘트는 타이어의 완충력과 서스펜션의 콤프레션 및 리바운드에 의해 그 작용력이 감소하기는 하지만, 바디에 대한 안티롤 및 타이어에 대한 접지하중 분산과 집중의 효과로 인해 매우 중요한 섀시파트

입니다. 레이싱카에는 민첩한 핸들링을, 버스나 트럭 등 무게중심이 높은 자동차에는 롤링을 억제하는 기능을 담당합니다.

휠타이어

자동차의 휠타이어는 튜닝산업에서 거래량도 많고 상품도 다양한 인기 아이템입니다. 대개의 일반 승용차는 휠을 키우는 인치 업을 많이 합니다. 엔진 출력의 종감속비도 한계가 있고 자동차의 펜더 형상에도 한계가 있으므로 타이어 외경을 키우지 않으면서 휠을 키우면 타이어 편평비를 낮추어야 하는 상황으로 이어집니다. 물론 펜더개조를 한다면 더 큰 휠과 타이어도 가능하겠지만, 그런 경우엔 타이어 외경이 커지는 만큼 드

라이브 트레인의 종감속비도 함께 올려줘야 합니다. 타이어 인치 업을 할 때는 타이어의 최종 외경이 10% 이상 초과하지 않는 범위에서 장착하는 게 좋습니다. 타이어폭 또한 서스펜션과 너클 구조가 구조적으로 허용 가능한 범위에서 넓혀야 합니다. 지프의 경우 255/75/17이 스톡옵션입니다. 타이어 외경으로 치면 32in쯤 됩니다. 보통 RV카들은 타이어를 표시할 때 타이어외경×타이어폭 R(래디얼패턴) 휠 외경을 인치 단위로 표시합니다.

인치 업을 할 때 온로드카들은 타이어 외경의 변화 없이 휠 사이즈를 키우는 경우를 말합니다. 그래서 편평비를 낮추고 그만큼 휠을 키우죠. 림 폭도 넓혀 그에 맞는 광폭 UHP 타이어를 달면 시속 300km로 달려도 안정감을 유지합니다. 반면에 오프로드카의 인치 업은 다른 개념입니다.

속도보다 등판능력이지요. 루비콘의 경우 32인치 타이어가 스톡이지만 33인치까지는 추가 개조 없이 자유롭게 타이어를 인치 업 할 수 있습니다. 조금 무리하여 35인치 타이어를 달 수도 있지만, 이 사이즈부터는 약간의 바디 리프트업이 필요해지고 노련한 운전실력이 있어야 합니다. 순정 사이즈보다 큰 타이어를 달고 아무 생각 없이 몰면 가속력이 나빠지고 연비가 악화되기 때문입니다. ~35인치 타이어와 3인치 정도의 스프링 스페이서가 튜닝에 적합한 상태입니다.

그런데 몇몇 유저들은 이왕 인치 업 할 바에 대략 40in 타이어를 달고, 오프셋 휠로 100mm쯤 타이어를 돌출시키려 합니다. 그러면 구조변경 검사도 안 되고, 대한민국 도로 시스템에도 맞지 않아 오히려 다니기에 불편해집니다. 그런 사이즈는 미국이나 호주 같은 곳에서나 통할지 모릅니다. 우리나라에서는 35in 타이어 수준에서 큰 개조 없이 스프링 스페이서

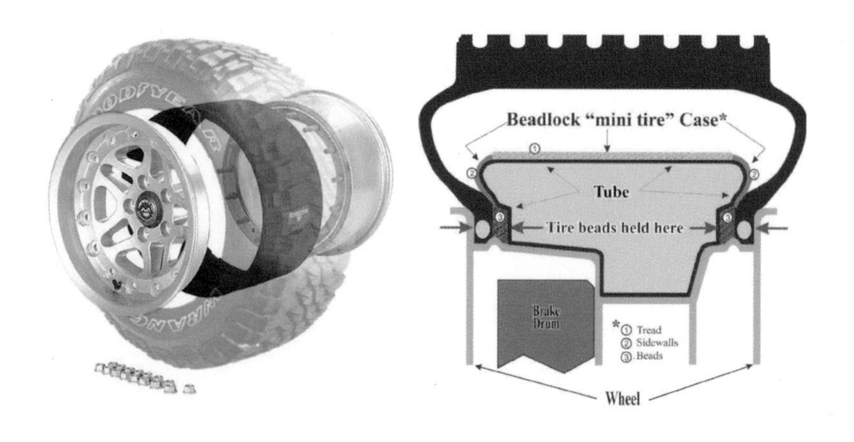

나 롱 스트로크 댐퍼와 스프링만으로 차를 약간 높이는 정도가 좋겠습니다. 37in 이상부터는 120mm 이상 리프트업과 서스펜션 지오메트리를 개조하여 휠베이스와 트랙을 커스텀 하고, 추가로 펜더 형상 개조가 필요해집니다. 대형 타이어를 달려면 토크손실을 보상하기 위하여 종감속비를 키우는 게 보통인데요, 드라이브샤프트도 함께 업그레이드하는 게 안전합니다. 또한 프로펠러 샤프트에 사용된 유니버셜 조인트의 각이 흐트러져 주기적인 회전 편차로 차가 꿀렁거릴 수 있으니 너무 무리한 바디 리프트업은 신중하게 진행해야 합니다.

닷지의 군용트럭에서 최초로 사용된 것으로 알려진 비드락 휠은 타이어의 비드를 휠이 물고 있는 구조입니다. 이 휠은 림이 구조적으로 타이어의 비드를 강하게 물고(bead lock) 있으므로 강한 토크가 가해질 때 타이어와 휠이 헛도는 현상을 억제합니다. 또한 오프로드에서 타이어 공기압을 낮췄을 때도 휠이 타이어를 꽉 물고 있으므로 타이어가 헛돌지 않고 토크가 지면에 잘 전달됩니다. 구조는 이너림과 이너비드블록, 아우터림

등 여러 피스로 나뉘고 수십 개의 볼트를 사용하기 때문에 무거워진다는 단점이 있지만 군사작전 중 야전에서 전문장비 없이 간단한 수공구로도 타이어 교체작업을 할 수도 있습니다. 비드락휠은 군사작전용 차에 쓰였던 만큼 다른 말로는 '컴뱃-휠'로 불리기도 합니다. 그런데 휠이 타이어를 잡는 힘이 강하다 보니, 이런 휠은 드래그 레이싱카의 휠로도 많이 쓰입니다. 그리고, 겉모양만 비슷하게 만든 '스트리트락휠'은 일종의 뷰티캡으로서 휠스크래치 예방용 림프로텍터입니다. 비드락휠처럼 보이는 또 다른 사례는 완성림 중앙에 휠페이스(센터스포크)를 따로 만들어 조립하는 2피스~3피스 휠이 있습니다. 반면에 온로드 자동차들은 날렵한 휠을 선호합니다. 비싼 것은 휠만 천만 원을 호가하기도 합니다. 비싸지만 가볍고 튼튼해서 온로드 튜닝 마니아들에게 일종의 로망이기도 합니다. 그

러다 보니 겉모양만 비슷하게 만든 유사품도 유통되는데, 물론 유사품 중에서도 정품 못지않은 훌륭한 휠도 있지만 아주 드문 경우입니다. 나라마다 품질 인증 제도를 도입하여 관리되고 있으나, 제대로 된 관리는 미흡한 실정입니다. 요새는 마감처리도 잘된 상태로 팔기 때문에 휠에 대한 지식이 있는 유저들도 육안으로는 쉽게 구별하기가 어렵습니다.

그러나 인증 합격 정품이라 해도 유저가 오버스펙으로 사용한다면 제아무리 명품 휠을 써도 휠 파손사고는 계속될 것입니다. 예를 들어 엔진을 200마력에서 한 500마력으로 튜닝했다면 그에 합당한 휠 스펙을 맞춰야 하는데, 겉모양만 생각해 초경량의 휠을 고집하면 휠 파손으로 인한 사고는 피할 수 없습니다. 오프로드카들의 경우엔 타이어 인치 업으로 인해 증가하는 토크 부담을 생각하지 않고 일반 휠을 그냥 쓰다가 쪼개지기도 합니다. 휠은 패션아이템이기 전에 튜닝의 완성을 보여주는 기능적 장착물입니다. 드라이브 트레인의 토크와 차의 중량을 고려하여 합당한 휠을 장착하는 건 취향의 선택이라기보다 과학적 논리와 경험을 바탕으로 한 튜닝의 기본입니다.

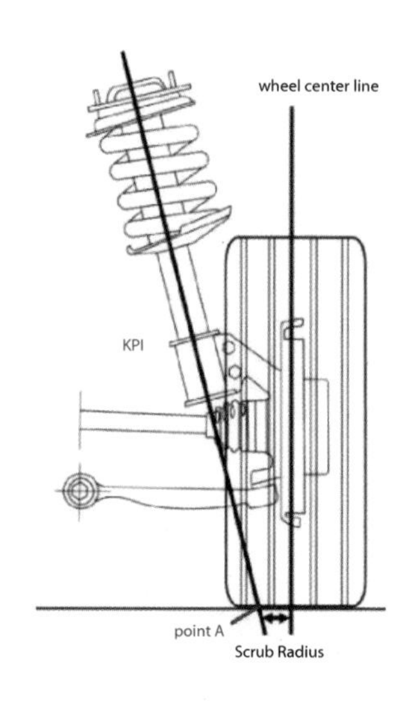

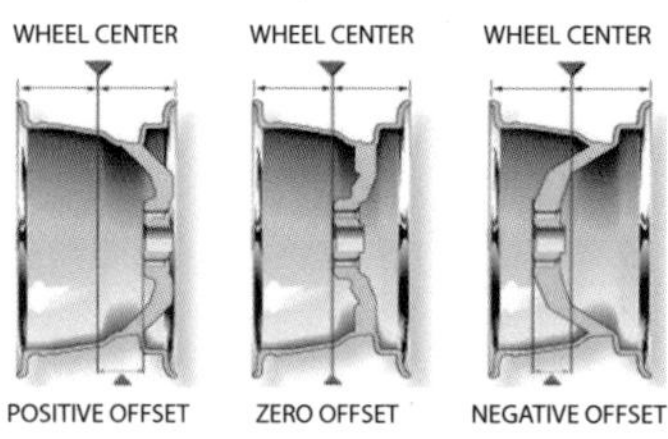

휠 오프셋은 자동차의 주행성능에 몇 가지 변수로 작용합니다. 공장출고상태 그대로의 차는 범용의 상황에서 안정적 표준 주행 컨트롤을 유도하기 위해 스크럽 래디우스가 좁고 휠 오프셋은 제로에 가깝습니다. 양산자동차는 일반적으로 스티어링 회전접지면(그림의 point A)과 휠센터 간격을 줄이기 위해 KPI[22]의 기울기에 따라 30mm 정도의 오프셋 휠이 장착되어 출고됩니다. 그런데 그렇게 출고되는 일반 승용차의 서스펜션 지오메트리

22) King Pin Inclination(킹핀기울기): 도학적으로 스티어링 액시스와 일치하는 가상의 라인.

를 무시하고 오히려 반대로 수십 mm 정도 네거티브 오프셋을 하여 타이어를 돌출시키는 튜닝(하이림휠)을 하면 자동차의 횡방향 안정성에 도움이 되기는 합니다. 그러나 자동차가 항상 지그재그로만 가는 게 아니므로 무리한 돌출 타이어셋팅은 타이어의 접지면에 대한 불균형을 초래하여 주행이 불안정해지고 너클에도 비정상적 응력이 가해지며 허브 베어링을 빠르게 마모시킬 수 있습니다. 특히 조향륜에 오프셋휠을 장착하거나 광폭타이어를 사용하는 경우 자동차의 주행상태가 매우 불안정해지고 스티어링에 충격이 커지므로 스티어링 댐퍼도 필요하게 됩니다. 결국 과도한 돌출휠을 세팅하는 건 돈은 돈대로 쓰고 기술적으로도 별 의미 없는 튜닝의 대표적 사례입니다. 그래도 오프셋을 과장하는 설정을 얻기 위해

서는 휠을 돌출시키고 싶은 만큼 KPI를 함께 조절하여 너클의 구조와 서스펜션 어퍼 암과 로어 암을 모두 개조해야 합니다. 만약 순정 자동차의 서스펜션 지오메트리를 함께 튜닝하지 않고 휠스페이서와 하이림 오프셋휠로 바퀴만 과도하게 뽑으면, 달리는 도중에 지면의 요철에 의해 차의 방향성이 흔들리고, 좌우 아커만 앵글이 달라지며, 범프스티어 효과가 커져 운전하기 애매한 차가 되므로 튜닝하기 전에 반드시 면밀한 검토와 계획을 세워야 합니다. 휠 오프셋은 왼쪽의 사진처럼 과하지 않게 세팅하는 것이 타이어의 편마모도 예방하고 주행 운동성도 확보하며 자동차의 섀시구조에도 무리가 가지 않아 안정감을 얻을 수 있습니다.

자동차의 휠은 아메리칸 머슬 타입에서부터 유로피안 레이싱까지 다양한 타입들이 있습니다. 휠 브랜드만 해도 BBS, ENKEI, AMG, MOMO, TRD, WORK, HRE, ADV, AC 슈니처, VORSTEINER, VOSSEN, OZ, RAYS, YOKOHAMA 등이 있고, 타이어 브랜드는 MICHELINE, PIRELLI, BRIDGESTONE, HANKOOK, KUMHO, NEXEN, YOKOHAMA, CONTINENTAL, GOODYEAR, DUNLOP 등 수도 없이 많습니다. 이유는 수요가 그만큼 많기 때문인데요, 세계 자동차 등록 대수가

10억 대에 육박한 반면 자동차들의 휠과 타이어는 불과 수십여 개 업체가 공급하고 있습니다. 보통 한 대당 네 짝의 타이어가 장착되니 시장규모는 40억 개, 상용차는 대당 6~10짝의 타이어에 스페어까지 합치면 가히 그 시장규모가 막대하다고 할 수 있습니다.

우리나라처럼 사계절이 구별되고, 우기와 건기도 있으며, 포장도로와 비포장도로가 다양한 나라도 드뭅니다. 물론 우리나라는 미국처럼 100km 이상 직진만 한다거나, 스웨덴처럼 쭉 뻗은 고속도로가 있다거나, 호주처럼 광활한 비포장 길이 있는 것은 아닙니다. 그렇지만, 짤막짤막하게나마 잘 정비된 고속도로와 유원지 진입로에서 볼 수 있는 비포장길 같은 곳에서는 차의 성능이 그때그때 달라지길 원합니다. 공상과학 영화처

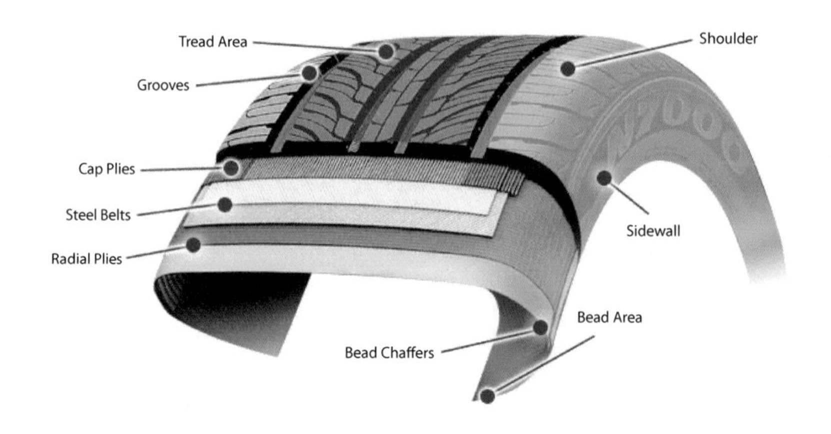

럼 버튼 하나로 타이어도 온로드/오프로드로 변신하면 좋겠습니다. 그런 게 현실적으로 어려울 때 선택하는 방법이 만능 타이어입니다. 메이커들은 사계절 타이어를 만들어 판매합니다. 빗길, 눈길, 아스팔트, 비포장도로, 더운 날, 추운 날 가리지 않죠. 그러나 만능이 의미하는 건 모든 걸 다 잘하는 게 아니라는 뜻이기도 합니다. 그저 아쉽지 않을 만큼 모든 상황에 고만고만하게 대처한다는 것입니다. 그리고 대부분의 도로 시스템도 잘 관리되고 있어 일반적으로는 타이어의 품질에 큰 영향을 미치지 않습니다. 그래도 항상 공기압을 체크하고 마모도를 확인하며 관리하는 것이 안전운전의 기본입니다. 자동차 오너들 중엔 레이싱 슬릭 타이어를 달고 따뜻하고 맑은 날만 나오는 사람들이 있는가 하면, 머드타이어를 달고 젖은 땅을 찾아다니는 사람들도 있고, 올 터레인 오프로드 타이어로 등산을 시도하는 사람들도 있습니다. 그러나 일상생활에서는 이런 사계절 타이어로 모든 걸 적당히 만족하는 선에서 편하게 다닙니다.

타이어의 품질에 따라 차의 주행성능은 크게 달라지는데요, 배수가 잘 되는 타이어는 빗길에서 슬립을 억제하며, 콤파운드가 말랑한 경우엔 노면의 그립이 좋아집니다. 타이어는 브레이크의 뜨거운 복사열에 달궈진 휠을 타고 전달되는 열을 견뎌야 하며, 무더운 여름날 뜨겁게 달궈진 아스팔트와 마찰열에도 잘 견뎌야 합니다. 반대로 추운 겨울날 차가운 눈과 얼어붙은 단단한 노면에서도 잘 버텨줘야 합니다. 비틀림 모멘트에 강하고, 내충격성 또한 높아야겠습니다. 타이어를 고를 땐, 그루브가 정직하고 커프가 정교하게 파여 있으며 트레드 패턴과 차의 주행특성을 잘 맞추는 것도 운전자가 확인해야 할 사항입니다. 요즘 타이어들은 과거에 비해 현격히 좋아졌으며, 등급도 세분화되어 다양한 상품이 나오고 있습니다. 타이어는 정상적으로 잘 만들어져야 방향을 안정적으로 조종할 수 있습니다. 또한 노면의 요철로부터 차를 보호하며, 위급상황엔 강한 제동력을 발휘하여 사람의 생명을 지켜야 하는 핵심부품입니다. UHP 타이어들은 고속주행 성능이 특히 강화된 타이어로서 편평비를 낮추고 사이드월을 강화하여 200km/h를 넘는 속도에서도 스탠딩웨이브 현상을 억제하여 고속주행품질을 향상한 타이어입니다. 그러다 보니 일상생활의 속도에서 승차감은 비교적 나쁜 편입니다.

타이어의 적정 공기압의 중요성은 아무리 강조해도 지나치지 않습니다. 자동차 관리 시 최우선 점검사항입니다. 낮은 공기압은 타이어 패턴을 무용지물로 만들 수도 있습니다. 사막이나 해변 모래사장 또는 험로 락크롤링이 아니라면 타이어는 표준공기압을 유지하는 게 좋습니다.

차 무게와 타이어 크기에 따라 다르겠지만 일반적으로 양산승용차의 경우 30~40psi 정도의 타이어 공기압을 사용합니다. 그런데 타이어를 순정보다 굵은 것으로 바꾸면 내부의 체적이 커져 체적 당 공기압은 낮아져야 하는데요, 많이 커지면 기준 공기압을 20psi까지 낮추기도 합니다. 타이어의 매뉴얼에 따라 해당 도로에 맞는 적절한 공기압을 관리해야 합니다. 과학적으로 따지자면 파스칼의 원리나 보일 샤를의 법칙 등으로 설명할 수 있겠지만, 실제로는 경험과 메이커에서 미리 계산해 놓은 매뉴얼에 의존하고 있습니다. 오늘날엔 타이어 공기압 상태를 모니터링 하는 장치가 일반 양산자동차에도 일반화되는 추세입니다. 그러한 시스템을 TPMS(Tyre Pressure Monitoring System)라고 부릅니다. TPMS는 크게 두 가지 방법이 있습니다. 센서를 휠에 부착하여 공기압 신호를 무선 주파수를 통해 직접 수신하는 방법과 ABS에 전달되는 바퀴의 회전수 정보를 활용하는 방법입니다. 회전수 편차를 이용하는 방법은 간접적이고, 정확도는 낮은 편이지만 일상생활에서 타이어 공기압을 모니터링 하는 데는 별 무리가 없습니다. 그러나 오프로드 마니아들은 주행하다가 노면의 상태가 달라지면 차를 잠시 멈추고 타이어 공기압을 체크 해야 할 상황이 자주 생깁니다. 낮은 공기압으로 고속도로를 주행하다가 벌어지는 대형사고가 잦았기 때문에 TPMS는 의무 장착 아이템이 되어가고 있습니다.

일반적으로 정상 공기압을 사용한 타이어는 트레드 패턴의 마모가 일정하며 주행 감성도 좋습니다. 그러나 압력이 높으면 가운데가 먼저 마모되고, 낮으면 양옆의 숄더 파트가 먼저 마모됩니다. 그리고 서스펜션이 불량하거나 휠 센터가 안 맞았을 땐 불규칙마모 현상이 발생합니다. 불량 타이어를 사용해도 마찬가지입니다.

오프로드카들은 유독 타이어가 주는 매력이 큽니다. 험로를 주행하는 능력에도 큰 차이가 있어 타이어 인치 업을 하고 동시에 바디는 리프트업을 많이 합니다. 기본적으로는 정상 공기압을 사용하지만, 자갈길이나 비포장 흙길에서 차가 잘 안 나갈 때는 공기압을 70~80% 정도로 낮추어 스핀 현상을 줄여 주행합니다. 공기압을 낮춘 만큼 타이어의 접지 면적이 넓어지지만 휠 손상을 예방하기 위해서는 속도를 낮추는 게 좋습니다. 험로를 통과한 후에는 다시 정상 수준으로 타이어 공기압을 올려줘야 합니

다. 온로드와 오프로드가 반복되는 지역을 통과할 때는 타이어 공기압을 낮췄다 높이는 것을 반복하게 되는데 상당히 번거롭습니다. 그래서 웬만하면 극한의 상황이 아닌 이상 중간쯤에 놓고 운행합니다. 지바겐이나 하머 같은 차는 자동차의 무게와 노면의 상태에 따라 운전석에 앉은 채로 타이어 공기압을 바로바로 조절할 수 있는 기능이 장착되어 있기도 합니다. 그런 것을 CTIS(Central Tire Inflation System) 라고 하는데, 1942년 군용 수륙 양용차(DUKW, 미국)에 최초로 사용된 것으로 알려진 이 시스템은 타이어 공기압을 차 안에서 제어하는 장치입니다. 1960년대엔 전시에 총탄에 맞은 타이어공기압을 관리할 목적으로 체코의 T813 같은 장갑차에도 응용되었고, 1980년대부터는 미군용 블레이저 트럭에 활용되었습니다. 오늘날엔 군용뿐만 아니라 다양한 오프로드 상황에서 타이어를 능동적으로 사용하기 위한 마니아들의 선택옵션이기도 합니다.

브레이크

브레이크 작동력을 증가시켜주는 장치로 대형트럭이나 하중이 많이 나가는 자동차는 별도의 진공 콤프레셔를 설치하여 브레이크 부스터를 작동합니다. 그런 경우 간접 조작식으로 분류되며 장치 이름은 '하이드로백(hydro vac)'이라고 말합니다. 그런 차들은 보통 마스터 실린더와 브레이크 부스터가 분리되어 있으며 브레이크를 작동할 때 공기력(강한 기압차)에 의해 "픽, 픽, 푸슉" 소리가 납니다. 그러나 진공탱크와 콤프레셔를 따로 장착하지 않는 승용차들은 엔진 흡기매니폴드로부터 얻어지는 진공을 이용하여 브레이크 부스터를 작동하는 직접 조작식 '마스터백(master vac)'을 사용합니다. 이 경우는 마스터 실린더와 브레이크 부스터가 나란히 장치되며 페달로 마스터 실린더를 누르는 힘을 브레이크 부스터가 직접 도와주는 방식입니다. 흔히 시동이 꺼지면 브레이크를 밟기 힘들어지는 이유도 엔진이 꺼지면 흡기매니폴드에 진공형성이 안 되어 기압차를 이용한 부스터가 작동하지 않아 순전히 사람의 힘만으로 브레이크를 밟아야 하기 때문입니다.

오른쪽 사진은 브레이크 부스터와 마스터 실린더 그리고 유압분배 밸브유닛을 보여주고 있습니다. 둥그런 드럼통같이 생긴 것이 실린더를 밀어주는 힘을 증폭시켜주는 부스터 부분인데, 이 경우는 브레이크 페달과 부스터, 마스터 실린더가 직접 연결되어 있어서 직접 조작식으로 분류됩니다. 작동원리는 진공과 대기압의 기압차가 넓은 실린더 면적에 작용하여 힘을 증폭하는 것으로서 부스터의 크기는 힘의 크기와 비례한다고 볼 수 있죠. 엔진 흡기매니폴드에서 발생하는 기압은 완전한 진공은 아니지만, 대기압보다는 기압이 낮아지며 대기압 1기압(760mmHg)의 65% 수준으로 기압이 낮아질 경우 직경 240mm 크기의 부스터 드럼에 작용하는 힘은 300kg에 달하기 때문에 순전히 밟는 힘에 비해 월등한 제동력을 발휘할 수 있습니다.

브레이크는 크게 드럼 타입과 디스크 타입으로 나뉘며, 브레이크의 이러한 제동력은 브레이크 드럼이나 디스크를 잡아주는 힘으로 전달되고 패드나 슈와의 마찰력에 의해 휠의 회전을 제어하게 됩니다. 그리고 제동력을 제어하는 방법 중 브레이크 록에 의한 미끄러짐 방지를 위해 ABS(Aanti-lock Brake System)를 사용합니다. 자동차 튜닝 용품 시장에서는 고성능 자동차의 제동용으로 많이 쓰이는 디스크 타입 브레이크가 인기 있으며 재료와 구조도 다양한 애프터마켓 상품들이 즐비합니다. 브레이크는 자동차 튜닝 시장에서 휠 타이어 서스펜션 못지않게 중요한 부품으로서 상품의 가격대도 백만 원대부터 4세트(1대 분량)에 천만 원에 육박하는 고가의 제품까지 다양한 종류의 튜닝 제품들이 거래되고 있습니다.

브레이크 디스크는 대개 금속을 주조 성형하고 머시닝으로 마무리 작업하여 제작되는데 마찰열에 의해 800도 내외의 고열을 자주 받다 보면 열변형이 발생하기도 하고 열변화가 급격한 경우(예를 들어 뜨겁게 달궈진 상태에서 차가운 물이 튀는 상황) 크랙이 발생하여 나중엔 쪼개지기도 합니다. 열방출 효과를 위해 내부에 공기통로를 설계하기도 하고 타공이나 표면에 홈을 내는 등 다양한 방법으로 2차 가공을 합니다. 그러나 재료 자체의 한계로 인해 재료를 고열에 강한 쎄라믹이나 카본으로 대체하기도 합니다. 브레이크 디스크 패드는 마찰력이 우수하고 열에 강한 복합

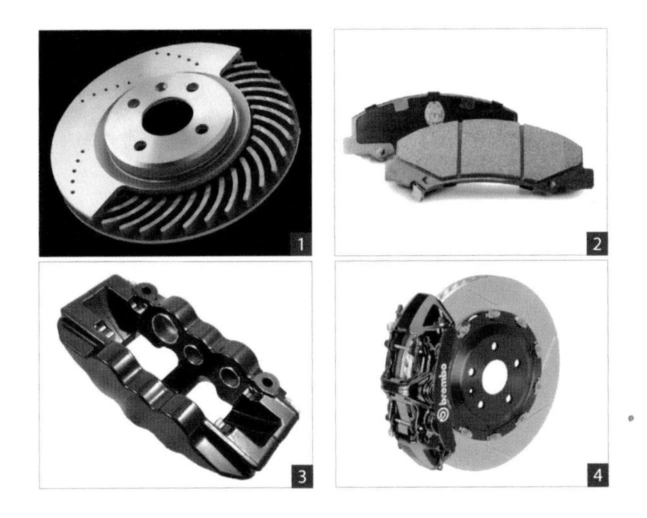

소재로 이루어져 있는데 이 패드를 디스크에 물어주는 작용을 하는 기구를 캘리퍼라고 합니다. 캘리퍼는 마스터백으로부터 공급받은 브레이크액의 압력으로 캘리퍼의 피스톤을 밀어주고 피스톤과 함께 물린 브레이크 패드가 디스크를 조여주면서 제동력이 발생합니다. 이때 캘리퍼의 피스톤 개수가 많고 브레이크 패드도 넓게 디자인된 것일수록 제동력이 우수해집니다. 마찰에 관한 물리학적 원리와 파스칼의 법칙을 생각해보면 이해가 되죠. 즉 피스톤의 개수와 함께 작동유체(브레이크액)가 작용하는 면적이 넓을수록 전달되는 힘은 면적비례로 증가하는 것입니다. 일반 양산승용차는 제작단가를 줄이기 위해 1~2개의 피스톤을 대형 사이즈로 넓게 만들어 브레이크 캘리퍼를 제작하지만 1개의 피스톤은 디스크 패드를 밀어주는 힘도 한 곳에 집중되어 효율이 떨어지게 됩니다. 그러나 위의 사진 (3)의 사례처럼 양쪽으로 3개씩 6개의 피스톤을 이용하여 디스크 패드를 밀어주면 압력을 발생시키는 기계적 효율이 좋아 제동력이 더 우수해집니다. 일반적인 브레이크 업그레이드 용품 중에는 4개의 피스톤으로 캘리퍼를 만들거나 심할 경우 8개 이상의 피스톤을 쓰는 경우도 있습니다.

운전하는 스타일이 거칠고 브레이크를 자주 또는 길게 밟는 사람의 차는 패드와 디스크 사이의 마찰열에 의해 캘리퍼가 달궈지면서 그 안의 유압피스톤 속 브레이크액도 일정 온도(150℃~200℃)에서 끓게 되어 기포가 발생하며, 액체에 섞인 기체의 성질로 인해 베이퍼 록(vaper lock) 현상이 생기기 때문에 끓는점이 더 높은 브레이크액을 채우게 됩니다. 브레이크액의 특성을 표현하는 DOT[23] 숫자가 높을수록 고열에 잘 견디는 브레이크액으로 볼 수 있는데, 양산 표준 승용차는 DOT 3~4 정도의 브레이크액으로 채워져 있습니다. 브레이크액의 주원료는 알코올로, 자동차에 행여 브레이크액이 튀면 얼른 닦아줘야 합니다. 페인트에 얼룩이 지거나 녹아서 벗겨질 수 있기 때문입니다. 브레이크액은 습기를 흡수하는 성질이 있으므로, 수분이 섞인 브레이크액은 끓는점이 100℃ 밖에 안 되는 물의 성질로 인해 끓는점이 낮아져 제동성능에 문제가 될 수 있습니다. DOT 5 이상 끓는점을 더 높이고 수분 흡수율도 낮은 여러 브레이크액들이 있지만, 화학성 장점이 오래 가지 않을 수도 있고 상품에 따라서는 겨울에 동결될 수 있으므로 겨울이 있는 우리나라에서는 기온의 변화

23) Department of Transportation: 북미 자동차 개발 정부기관에서 정한 브레이크액 분류기준. 브레이크액뿐만 아니라 타이어도 DOT 넘버로 관리합니다.

에도 강한 한국형 브레이크액을 사용하는 게 좋습니다.

이런 브레이크액을 교환하거나 새로운 브레이크에 채울 때는 단순히 마스터 실린더의 플라스틱 통에 브레이크액을 붓기만 하면 되는 게 아닙니다. 마스터 실린더로부터 거리가 먼 쪽 브레이크부터 "공기빼기"라는 작업을 통해서 스펀지 현상을 방지해야 합니다. 브레이크액의 공기 배출용으로 캘리퍼의 유압 피스톤 윗부분에는 블리이더 스크류(bleeder screw)라는 게 있습니다. 그 블리이더 스크류에 호스를 연결하고 공기빼기 작업과 함께 브레이크액을 채워야 합니다.

가혹한 환경에 수시로 노출되는 브레이크 디스크는 어느 정도 쓰다 보면 제동 시 떨림(judder) 현상이 생깁니다. 특히 디스크의 재질이 금속 주철로 된 자동차를 스포티하게 모는 운전습관을 가졌다면 각별히 이 현상에 주의해야 합니다. 저더는 브레이킹 시 항상 떠는 콜드저더(cold judder)와 고속주행 중 제동하여 뜨겁게 가열되었을 때 떠는 핫저더(hot judder) 두 가지가 있는데, 디스크 마모수명이 남아있는 경우 디스크 연마 작업을 통해 재생하여 다시 쓸 수 있습니다. 디스크의 변형을 일으키는 열충격의 첫 번째 원인은 브레이크를 자주 사용하여 발생한 마찰열과 디스크패드의 점착 성분이 묻어나는 조건(먼지, 수분, 디스크 재질 등)의 불균일성으로 인해 디스크 표면구배에 변화가 오는 것입니다. 브레이크는 보기보다 민감한 구성품이어서 표면변형은 브레이킹 품질을 떨어뜨리는 원인이 됩니다. 무더운 날 한껏 뜨거워진 브레이크를 세차장에 몰고 들어가 바로 물을 끼얹는 행위도 열충격의 일종입니다. 심하면 크랙까지 발생할 수 있습니다. 열충격에 의한 저더 현상 외에도 휠볼트를 규정 조임 토크 이상으로 세게 조이거나, 센터를 잘 안 맞추고 조립해도 브레이킹 시 떨림 현상이 생깁니다.

리프트업

리프트업은 주로 오프로드 SUV들이 하는데, 오프로드나 비포장길을 다니기 위해서는 기본 지상고가 공장출고 기준보다 조금은 높아야 하므로 필요에 의한 작업을 하게 됩니다. 리프트업을 위해서는 타이어 외경을 키우고 서스펜션 스트로크를 늘리는 방법을 씁니다. 타이어 외경은 편

평비가 높은 타이어로 바꾸거나, 휠타이어를 세트로 인치 업 하는 방법이 있습니다. 그러나 오프로드차들은 휠의 인치 업보다는 타이어 인치 업을 주로 사용합니다. 타이어의 편평비가 높아야 바위나 통나무 같은 장애물을 타고 넘기에 더 유리하기 때문입니다. 차가 높으면 평탄한 길에서 고속으로 달리기에는 불리하지만, 불규칙한 노면을 주행하는 데는 유리합니다. 30mm 정도 차를 높이려면 스프링 스페이서를 사용하는 방법이 있습니다. 가장 간편한 방법이죠. 스프링 스페이서나 서스펜션 마운트 스페이서는 차를 조금만 리프트업 하는 데에 유용합니다.

일반 유니버설조인트
▲꺾일 만큼 회전속도 편차 발생

등속조인트
▲꺾여 있어도 회전속도가 일정

그러나 서스펜션이 독립 현가 방식이거나, 솔리드 액슬 방식이거나 모두 100mm 정도 높게 리프트업 하기 위해서는 스프링만 길게 하는 방법은 좋지 않습니다. 차를 올린다 해도 서스펜션의 트래블이 올린 만큼 짧아져 차를 망칠 수 있기 때문입니다. 리프트업을 할 땐 쇼크 업소버와 스프링을 모두 롱 타입으로 바꿔야 하며, 동시에 레트럴로드와 컨트롤 암 그리고 스티어링 링크들을 모두 개조해야 합니다. 하체를 거의 새로 만들다시피 하는 대공사입니다. 그러나 리프트업을 할 때 정작 중요한 부분은 메인 동력전달용으로 사용하는 프로펠러 샤프트의 길이와 유니버설 조인트입니다. 십자형 핀에 ㄷ자형 양 끝이 서로 맞물린 구조의 유니버설 조인트는 맞물린 축이 일직선이 아니더라도 동력을 전달할 수는 있지만 꺾인 각도가 클수록 타원형의 회전 편차가 발생하면서 주행 중 차를 꿀렁거리게 만듭니다. 축의 회전속도가 1회전 당 2회씩 빠르다 느리다를 반복하면서 승차감은 진행방향으로 차가 가다 말다 하는 느낌을 받게 되는 겁니다. 그래서 통상적으로 아래 사진에서처럼 동력축의 각도 변화가 거의 없다시피 자동차 내부 기관의 레이아웃을 설계하고 제작하게 됩니다.

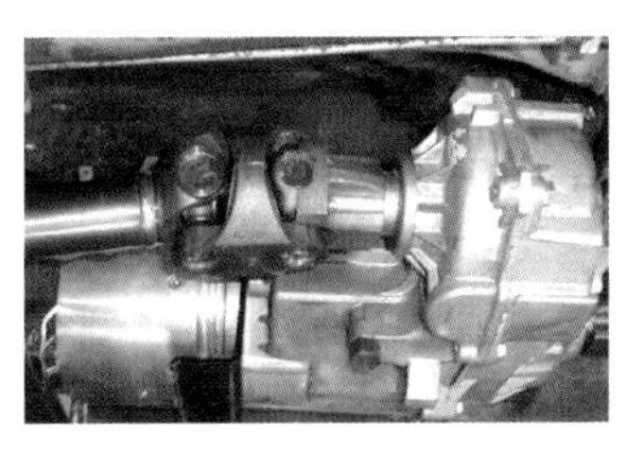

더블카단조인트
▲등속조인트의 효과를 유도

▲자동차 제작 시에는 엔진의 방향과 프로펠러 샤프트의 방향을 가능한 한 꺾지 않게 만듭니다. 부득이하게 꺾어야 한다면 다음 페이지에 설명되는 그림처럼 반대방향으로 같은 각도만큼 다시 꺾어 각도에 의한 회전 편차를 보상해야 합니다.

일반적으로 유니버설 조인트는 프로펠러 샤프트나 저속 차량 또는 엔진부터 차동기어까지 주행 중 높낮이의 변화가 없는 독립 현가식 자동차에는 별다른 문제 없이 쓰일 수 있습니다. 그러나 솔리드액슬 차량처럼 주행 중 프로펠러 샤프트의 각도가 변화할 수 있는 차량에는 사용에 주의해야 하며, 그런 차량으로 리프트업을 과하게 해서 프로펠러 샤프트가 많이 꺾이면 주기별 속도편차는 더 심해지고 주행할 때마다 차가 꿀렁거리는 현상이 발생합니다. 따라서 솔리드 액슬 차량으로 리프트업을 할 때엔 올린 각도만큼 액슬과 엔진도 함께 틀거나, 두 개의 조인트 파트가 서로 항상 같은 각도로 ± 상쇄되도록 꺾이게 세팅해야 합니다(아래 그림 참조). 또는 프로펠러 샤프트의 조인트를 아예 등속조인트로 교체하는 개조를 해야겠지요. 등속조인트는 회전축의 연결 면이 타원형의 궤적을 그리지 않고 모든 각도에서 항상 정원을 유지하는 원리의 조인트입니다.

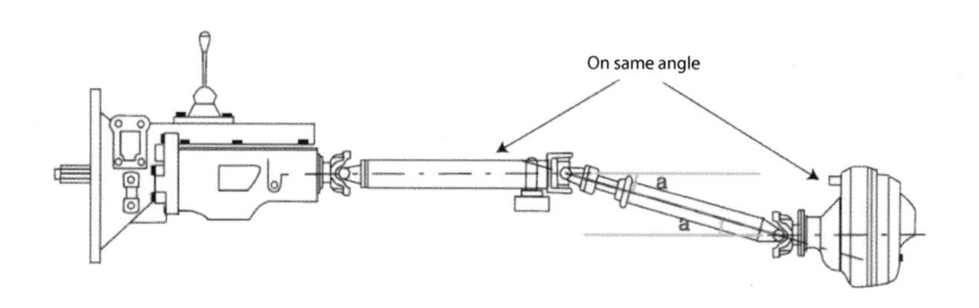

일반 유니버설 조인트로 제작된 자동차에 스프링과 댐퍼만 길게 하는 방식을 사용해 함부로 많이 올렸다간 차가 망가질 수 있으므로 각도의 변

화를 불규칙적이고 크게 주고 싶을 때는 등속조인트로 바꾸는 작업을 병행하는 게 좋습니다. 이런 일이 빈번하다 보니 이미 리프트업 튜닝을 많이 하는 몇몇 차들은 차량 공장출고 시부터 프로펠러 샤프트는 길이 가변형이고 동력 연결도 등속조인트 또는 더블카단조인트로 체결하여 출고되는 추세입니다.

로우어링

로우어링은 앞서 설명한 리프트업의 반대개념입니다. 로우어링을 하는 차들은 차바닥을 이용한 다운포스를 극대화하고 포장도로에서 고속주행과 급선회, 급차선변경을 위한 용도상의 목적이 있으므로 맥시멈 트랙션을 얻기 위해서 일부러 휠트래블을 짧게 하고 서스펜션을 단단하게 하여 차를 지면에 거의 닿을 듯 내리고 휠얼라인에는 네거티브 캠버를 만듭니다. 심한 경우(서킷 레이싱) -2° 이상 꺾는 사람들도 있는데, 보통은 -1° 수준으로 조절하는 약간의 마이너스캠버가 무난합니다. 그러나 제로 캠버를 고집하는 사람들은 로우어링을 심하게 해놓고도 휠이 지면에서 수직이 되도록 세팅하는데, 이 경우는 맥시멈 트랙션보다 직진주행성능(직진 그립)을 잡고 싶은 의지와 타이어 편마모를 염려하는 마음이 담긴 경우입니다. 사실 어지간히 무리한 운전이 아니고서는 무게중심과 차고를 낮추는 로우어링을 통해서도 코너에서 차가 컨트롤을 유지하는 데는 꽤 도움이 되긴 하므로 제로 캠버에 적당한 로우어링만으로도 여러모로 유리합니다. 과거에는 차의 구조적 한계로 인해 무리한 로우어링을 하는 경우 부작용으로 네거티브 캠버(마이너스 캠버라고도 함)가 심해지는 경우도 있었습니다. 그러나 요즘 승용차들은 과거에 비해 대체로 휠사이즈가 더 커졌고, 더블 위시본이나 멀티링크 형식의 서스펜션 지오메트리의 트래블과 다이내믹 캠버의 폭이 비교적 여유롭기 때문에 로우어링으로 인한 캠버세팅의 부조화가 그리 심하지는 않습니다.

한 가지 더 생각해볼 것은 네거티브 캠버 로우어링을 하고 타이어의 트레드 패턴의 안과 밖이 서로 다른 네거티브 캠버용 비대칭 타이어를 사용하면, 맥시멈 트랙션과 직진주행성능들을 골고루 잡을 수도 있습니다. 실제로 요즘의 많은 튜닝카들은 네거티브 캠버 로우어링과 비대칭 트레드 패턴 타이어를 사용하고 있고, 아예 순정부터 그렇게 나오는 경우도 있습니다. 하지만, 타이어 편마모가 심하며 일반 공도 정속 주행용으로는 적절하지 않은 세팅입니다.

캠버각은 요구하는 속도에 대한 자동차 선회반경과 공기압, 자동차 중량과 무게중심 그리고 롤링의 각도와 타이어 그립의 한계에 대한 종합계산을 통해 미세하게 조절해야 합니다. 로우어링을 하는 차량은 에어로 다이내믹 효과 중 차바닥을 통한 다운포스를 얻기 위해서는 차를 노면에 가깝게 내려주어 차바닥 진공을 유도하는 튜닝도 병행합니다. 보통 프론트와 사이드에 에어댐을 장착하고 뒷면은 디퓨저로 마감합니다. 이때 자동차의 바닥면은 전체적으로 공기를 차단하는 판으로 마감해야 효과가 좋

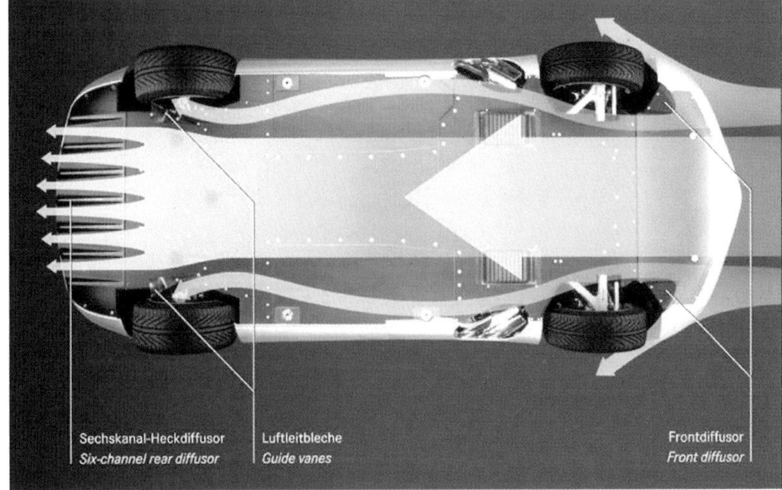

아지며 앞과 뒤의 높이 편차에서 뒤보다 앞이 약간 낮게 해야 차바닥 전체에서 진공효과를 유도할 수 있습니다.

2000년대 전까지만 해도 오프로드카들은 아스팔트에서 200km를 넘기는 속도에는 별 관심이 없었습니다. 그런데 2000년대 들어 SUV들이 성

능을 과시하기 시작하면서 양산자동차메이커들이 앞다투어 고속으로 달리는 터보튜닝엔진 SUV를 상품카테고리에 넣어 버렸고, 이제 SUV들의 고속주행성능은 기본이 되었습니다. 우리나라에서도 마니아들에 의해 쌍용, 무쏘 등 여러 SUV들과 RV들이 온로드 속도경쟁에 합류했습니다. (사)대한자동차경주협회(KARA)에서는 세계최초로 "RVPC"라는 온로드 레이싱도 개최했었습니다. 2000년대를 전후로 호반의 도시 춘천에선 온로드카들이 모여 서스펜션 튜닝 후 오프로드(비포장도로) 레이싱을 하는 이색 경기도 여러 차례 개최되었습니다. 이때부터 SUV에 속도를 위한 레이싱타이어와 휠을 다는 게 유행처럼 번지기 시작했던 것 같습니다. 바디는 리프트업이 아닌 리프트다운이라고 해야 할까요? 온로드레이싱카들의 튜닝인 로우어링을 했죠. 2005년쯤부터 아예 메이커들도 SUV에 온로드 고성능을 기본으로 만들어 팔기 시작했습니다. 속도기호 Y(시속 300 이상)에 편평비 40%는 보통이고 타이어폭 310에 편평비를 30%까지 낮춘 SUV들도 자주 보입니다. 그 와중에 이런 차로 도로를 다니기 위해서 로우어링과 리프트업을 모두 잡겠다고 에어 서스펜션이나 유압장치로 차를 올렸다 내렸다 하는 기술도 호황을 맞았습니다.

자동차 형상 변경

아래의 사진은 휠트랙을 넓힌 와이드바디 리스타일링카입니다. 휠트랙을 넓히는 손쉬운 방법은 휠의 오프셋을 돌출시키거나 휠스페이서를 다는 것입니다. 또는 두 가지를 다 하기도 하죠. 그러나 너무 넓은 휠스페이서는 너클에 무리한 힘이 가해지고 핸들링이 나빠지며 휠 베어링도 금방

상할 수 있습니다. 10mm 내외의 휠스페이서를 사용하면 서스펜션 지오메트리의 스크럽래디우스를 크게 훼손하지 않는 범위에서 차의 트랙을 넓힐 수 있습니다. 마찬가지로 휠오프셋도 스톡설계옵션의 범위 내에서 넓혀야 합니다. 한도를 넘기려면 너클부터 컨트롤링크까지 모든 서스펜션 지오메트리를 아예 새로 만드는 대공사를 해야 합니다. 그렇게 서스펜션 스프링과 댐퍼를 강화하고 트랙을 넓히면 롤링이 감소하고 와인딩 성능이 좋아지죠, 그러나 반대로 공도 주행의 일상생활엔 다소 불편이 따릅니다.

그러나 주행성능에 중독된 유저들은 '더 넓게 더 굵게 더 단단하게'를 목표로 합니다. 가장 손쉽게 많이 하는 형상 개조 방법으로는 오프셋 휠을 사용하고 휠스페이서를 장착한 다음 오버펜더로 외관 형상 마감작업을 합니다. 오버펜더는 애프터마켓의 장착키트를 구매하여 장착하거나 기존의 펜더에 펜더롤링기를 이용해 변형하는 방법이 있습니다. 펜더롤링은 많은 양을 변형할 수

는 없으며 휠타이어와의 간섭을 피하는 정도로만 사용하는 간편한 방법입니다. 그런데 차의 서스펜션 지오메트리 개조를 많이 하고 차의 휠 레이아웃이 심하게 바뀌는 경우에는 자동차의 측면 형상을 리모델링하여 다시 만드는 경우도 있습니다. 보통의 레이싱카들이 팀 단위로 그런 작업을 하는데요, 인기 있는 레이스카 모델의 경우 스트리트 튜닝키트로 판매되기도 합니다. 독일이나 일본의 동호인 레이싱카들의 바디키트들이 인기 있으며, 대기업과 합작하여 판매하는 AMG나 TRD 키트들도 인기 있습니다. 순정 양산자동차보다 더 높은 품질의 피니싱과 더 고급 재료를 사용하는 AMG 바디키트 같은 경우에는 애프터마켓에서 기성품 개조용으로 거래되는 경우도 있지만, 기본적으로는 아예 벤츠의 대량생산라인에서 미리 반제품 바디를 도입하여 펜더에서부터 보닛과 프론트범퍼, 사이드스커트, 리어범퍼 그리고 서스펜션과 엔진, 인테리어 내장재까지 자동차 전반에 걸친 제작공정을 따로 거치게 됩니다.

벤츠 AMG 자동차들이나 BMW M 시리즈 자동차들은 대량생산 튜닝카로서 대기업이 자사 레이스 모델을 승용차로 상품화하는 전략으로 승용차 시장에 접근하는 사례입니다. 우리나라의 현대자동차도 이와 유사하게 N 시리즈 모델을 추진하고는 있으나, 자동차 레이싱의 저변 인프

라 없이 차만 고성능으로 라인업하려다 보니 소비자층 없이 상품만 만드는 것 같은 엇박자가 나고 있습니다. 한편, 국내에서는 크게 성공하지 못했지만 북미에서는 인기가 큰 현대자동차의 벨로스터의 경우 메이커 차원의 꾸준한 판매와 유저 차원의 다양한 바디 형상 키트들과 기관의 성능 업그레이드 파츠들까지 나름의 성장을 하는 사례 중 하나일 것입니다. 벨로스터 외에도 과거에 스쿠프, 티뷰론, 투스카니와 제네시스 쿠페에 이르기까지 현대자동차도 자사의 스포츠 모델에 대한 고민은 꽤 오랫동안 지속해왔습니다. 다만 아쉬운 게 하나 있다면, 여간해서는 활성화되지 않는 국내 모터스포츠와 현대자동차의 모험정신이 해외 선진국 사례보다는 매우 약하다는 점이겠네요.

자동차의 형상 변경은 내부 기관의 스펙이 더 커진 데 따른 필요에 의한 변화가 대부분이지만 내부의 변화 없이 외관만 변형하는 경우도 많습니다. 고성능을 즐기기보다 스타일을 즐기는 유저들의 경우입니다. 엔드 유저가 스스로 형상 변경을 하든 형상과 함께 성능도 업그레이드하든 자동차의 형상 변경작업은 비용이 많이 들고 체계적으로 접근해야 하는 작업입니다.

한편 데커레이션 파트나 도색작업 등으로 나름의 아트를 즐기거나 차를 움직이는 조각품 차원에서 예술적으로 승화하는 경우도 있습니다. 해외엔 아트카 페스티벌이 여러 중소도시 단위로 행해지기도 하며 단지 페스티벌 참가용뿐만 아니라 아트카를 일상생활에 쓰기도 하는 적극적인 자동차 형상 변경 작업자들이 상당히 많습니다. 물론 법적으로도 안전검사를 받고 도로와 교통에 해롭지 않은 선에서 관리되고 있습니다. 아트카 제작자들의 작업 범위는 기존의 자동차에 도색작업을 하는 수준의 일반 작업부터 실물 자동차 형상을 아예 다른 스타일로 리모델링하고 몰드를 떠서 차를 재구성할 수 있는 자동차 공장 수준의 개라지 빌더들도 많습니다.

다음은 해외의 한 레이싱팀의 양산승용차 튜닝 레이싱카 제작공정을 소개해볼까 합니다. 월드 투어링카 챔피언십에 출전하는 자동차를 만드는 공정입니다. 완성품을 구입해 자동차를 다시 뜯어서 새로 만드는 프로세스가 아니고 처음부터 아예 대기업의 양산자동차 생산라인에서 섀시프레임 용접 단계까지만 진행된 반제품 바디를 사오면서 제작이 시작됩니다. 비록 보통의 레이싱카 규정이 협회나 레이싱 종목에 따라 다소 차이는 있지만 양산승용차 중 수백 대 이상 판매된 차 중에서 골라야 하는 조건이 있습니다. 그런데 해외에선 양산승용차 메이커가 이렇게 자사의 생산라인에서 소량의 반제품만을 주문해도 협조적입니다. 레이스팀의 레이스카 제작 수요는 프로젝트당 불과 몇 대에서 많아야 몇십 대로 대량생산 일반 승용차보다는 현저히 적은데도 말이죠. 물론 레이스팀이 자사의 모델을 가져다 잘 튜닝해서 대중적으로 유명해지면 메이커나 레이스팀이나 서로 좋으니까 이런 식의 제작프로세스가 형성되는 건 오히려 자연스러운 일입니다.

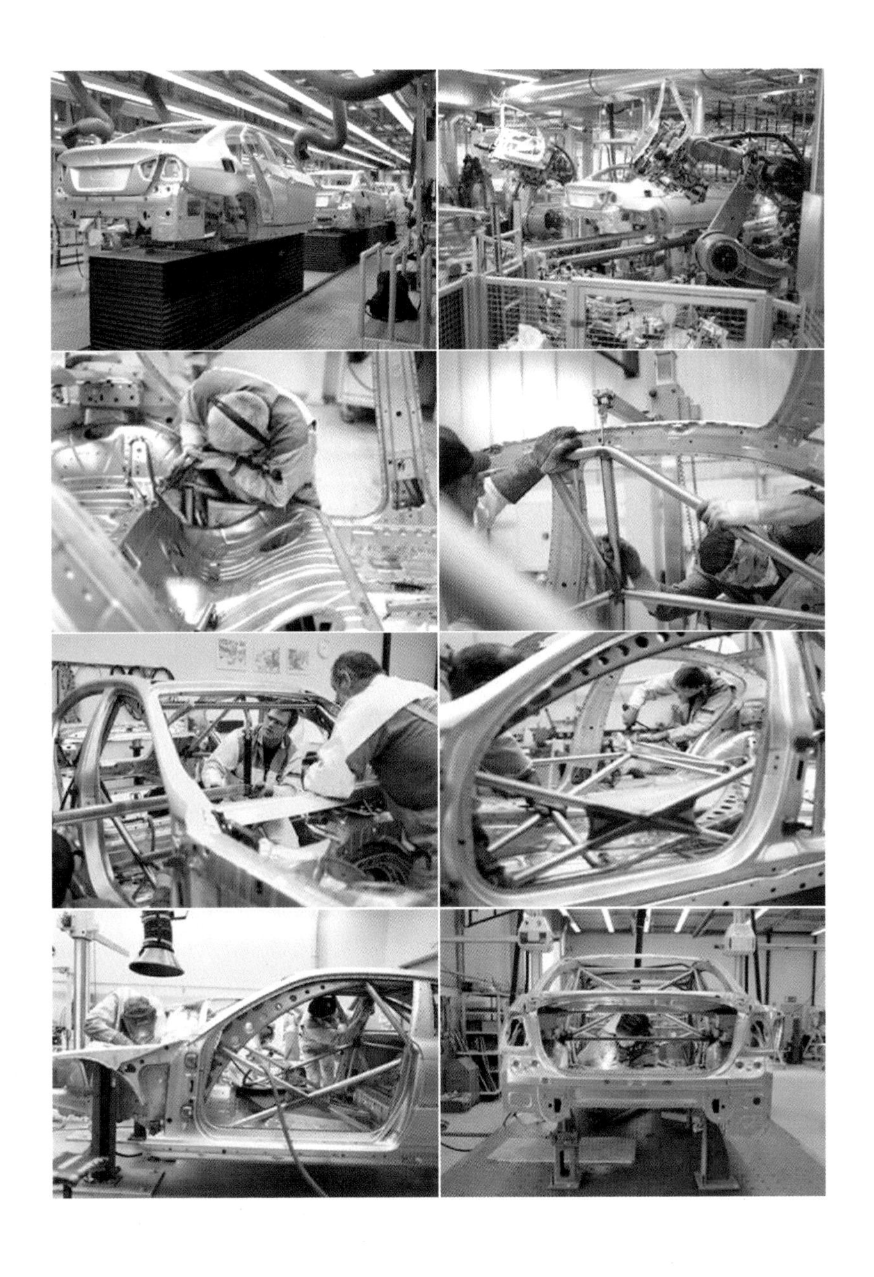

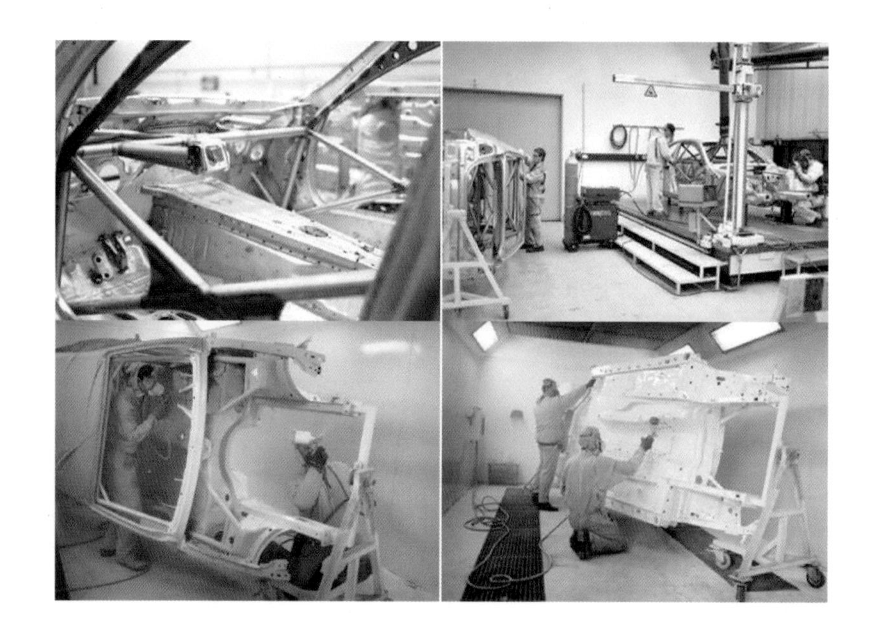

이렇게 도장 공정에 들어가기 전 상태의, 바디까지만 만들어진 차체를 구입하여, 구석구석 철판들의 이음새마다 2차 바디 강화 용접을 추가하고, 경량화를 위해 불필요한 파트들은 잘라냅니다. 그리고 FIA 규정의 롤 케이지를 차체 내부에 장치합니다. 추가 장착되는 쇠파이프들은 무용접 탄소강 등 규정에 맞는 재료들을 사용하므로 매우 단단하며 충돌강도도 좋습니다. 이렇게 바디를 강화하고 롤 케이지를 용접하면 차의 바디형식은 더 이상 양산 차의 모노코크라기보다는 레이스카의 튜블라 파이프 스페이스 프레임이라고 할 수 있습니다. 그리고 웨이트 밸런스를 새로 잡기 위해 시트포지션을 옮기고, 스티어링 핸들 위치도 바꾸고, 레이스 타입 대시보드를 설치할 수 있도록 프레임 세부조정을 합니다. 섀시의 기초

제작이 끝나면 캠프로 옮겨지고 각 파트별 세부 검사 후 도장부스에서 팀 컬러를 칠합니다. 칠이 잘 마르면 FRP나 카본파이버 등 플라스틱 바디파트들을 가조립합니다. 플라스틱 파트들은 대개 팀 자체개발품들로 별도로 주문 제작합니다.

한편, 레이스 엔진 튜닝숍에서는 엔진 조립 및 튜닝을 합니다. 밸런스가 개선된 크랭크샤프트와, 하이캠, 단단하게 잘 건조된 실린더블록, DOHC 흡배기 밸브, 레이스용 피스톤 등, 정밀하고 세심한 조립절차를 거쳐 양산 엔진이 레이스카용 엔진으로 튜닝 됩니다. 엔진의 구성부품들

을 튜닝하여 최종 조립을 한 후, 토크와 회전속도 및 열효율, 가속성 등 레이싱에 필요한 목표 성능이 나오는지 테스트해야 합니다. 이렇게 성능 검사 후 기어박스와 엔진을 조립하고 섀시에 얹어 최종 조립을 마칩니다. 그리고 드라이브 트레인을 조립합니다. 서스펜션 지오메트리와 너클 및 브레이크는 레이스카 튜닝의 핵심이죠. 섀시다이나모를 통해 파워 트레인과 드라이브 트레인의 종합적 결함 여부를 체크하고, 다시 숍으로 돌아와 핸들, 페달, 시트, 기어레버, 대시보드 등 모든 인테리어 구성품들과 전장품들을 검토한 후 조립을 마칩니다. 이렇게 해외의 레이싱팀은 양산자동차메이커와 함께 체계적으로 일을 진행하죠. 물론 해외에도 일반 동호인 수준의 소규모 모임들도 있습니다. 조립이 완료된 레이싱 튜닝카는 서스펜션 링크구조에서부터 배기라인까지 양산승용차와는 전혀 다른 차입니다. 완성된 차에는 팀 그래픽을 시공하고 후원사들의 로고도 붙이며, 드라이버의 이름도 새겨 레이싱카로 관리되기 시작합니다.

자동차 형상 변경의 또 다른 사례로 상업용 특장차나 레저용 캠핑카를 볼 수 있습니다. 승합차나 대형버스 또는 트럭을 개조하여 캠핑카로 만드는 사례는 매우 흔하며 하나의 독립된 사업으로 등록해 활동하는 개조사업자들도 많습니다. 아래 사진은 승합차를 개조하여 캠핑차로 만든 사례입니다.

편의 장비

자동차라는 물건은 대체로 사람이 앉아서 운전하는 공간과 탑승자들이 함께 앉아서 목적지로 이동하는 기능을 가지며 시트의 안락성이나 실내의 쾌적성과 지루함을 달래줄 적당한 수준의 인포테이션 시스템이 갖춰져 있습니다. 물론 자동차 중에는 시내버스처럼 승객들이 의자에 앉거나 서서 이동하기 위한 손잡이를 고려해야 한다거나, 공항리무진처럼 여행 가방을 실을 공간이 충분해야 하는 경우도 있고, 승합차나 밴을 개조하여 무장경찰들이 장비를 착용한 상태로도 탑승과 하차가 편리해야 하는 특수차도 있고, 앰뷸런스처럼 환자이송 및 응급조치 공간이 마련되어야 하는 자동차도 있습니다. 어떠한 자동차든 용도에 부합하지 않는 기능은 쓸모없고, 사람이 사용하는 동안 편리하고 안전해야 합니다. 자동차가 발명되고 판매되는 동안 제일 처음 발달한 분야는 자동차 조종 및 안전장비들일 것입니다. 차츰 자동차산업이 발달하고 승차감도 쾌적해지면서

사람들은 자동차로 장거리 주행을 하게 되었고, 움직이는 차 안에서 음료수를 마신다거나 음악이나 라디오를 듣고 싶어 했습니다.

과학자들은 사람이 듣는 소리의 성분을 음파로 정의하고, 음파를 전기적으로 전송하는 방법을 연구했습니다. 그리고 1800년대 말부터 다양한 발명과 기술개발에 힘입어 1920년대에는 라디오의 대중화가 시작되었습니다. 그리고 자동차에서도 라디오를 듣기 위한 카오디오가 생기기 시작했습니다. 1948년 트랜지스터가 발명되면서 전자기파 방송 신호를 전기적 신호로 변조하여 스피커로 증폭 전달하는 방법이 과거의 진공관에서 간편하고 취급이 쉬운 트랜지스터로 바뀌었고, 이를 통해

카오디오의 보급은 더욱 대중화되었던 것입니다. 1930년대를 전후로 상용화되었던 진공관은 부피가 크고 진동에 약해 자동차용 전기회로로는 적합하지 않았습니다. 반면에 반도체의 일종인 트랜지스터 전극소자는 음성신호 증폭 및 바이어스 소자로도 훌륭했고, 전압분배나 음향조절에 다양한 전기적 음향조절 테크닉을 발휘할 수 있었습니다. 게다가 소형이고 전기도 많이 소모하지 않으며 취급도 편리했으니 자동차용 전기회로 구성에는 경쟁력이 있었던 것입니다. 카오디오는 기본적으로 음성신호를 전기신호로 바꾸어 스피커에 전달해주는 역할을 하는 장치로서 음향소스, 증폭회로, 배선, 스피커 등으로 구성됩니다.

그런데 자동차의 엔진소음과 풍절음 등 외적 요인을 이겨내고도 고품질의 사운드를 전달하기 위해 기술자들은 사운드의 파형을 더욱 세분하여 고음, 중음, 저음의 스피커를 영역대로 구성하고 앰프 또한 강한 전기신호로 증폭하기 위한 유닛들을 구성합니다. 카오디오에서는 와이어링 하네스에 필연적으로 따르게 되는 노이즈와의 끈질긴 싸움 끝에 별도로 독립된 전원을 사용하기도 하고 배선피복, 단자구조와 재료 등을 이용한 다양한 노력을 해왔습니다. 그리고 이제는 무선 전파통신의 발달로 인해 와이어레스 카오디오를 구현하여 더욱 잡음이나 간섭 없이 고품질의 HiFi(High Fidelity) 오디오를 즐기는 세상이 되었습니다. 오늘날 카오디오의 음원은 라디오 방송 주파수를 잡는 것뿐만 아니라 음질이 떨어지고, 열에 늘어나는 카세트테이프의 한계를 넘어 CD, 메모리카드, 블루투스 등 다양한 방식의 디지털 음원 저장방식을 활용하고 있습니다. 그리고 스마트폰의 통신 기능과 자동차의 편의장비들이 통신을 하면서 내비게이션뿐만 아니라 원격시동장치나 자동차 잠금 확인 등 자동차 자체가 하나의 IoT 사물

터치스크린을 남용하고 있는 자동차 인터페이스

이 되었습니다. 이런 편의성을 확장하면 이른바 커넥티드카라 하여 A/V를 통해 교통정보, 뉴스, 날씨, 개인의 일정, 자동차의 정비 상태 등을 알려주고 궁극적으로는 차가 스스로 운전까지 하는 미래를 그려볼 수도 있습니다.

오랫동안 아날로그는 '재래식', 디지털은 '첨단기술'을 의미하는 것처럼 오인되어 왔습니다. 사실 아날로그란 숫자로 나누었을 때 떨어지지 않는 값을 나타내는 표현으로, 소리의 세기나 조명의 밝기, 기계의 움직임 등에서 계단 현상 없이 연속적으로 변화하는 것을 의미합니다. 반면에 디지털이란 숫자로 나누어떨어지는 것을 의미하고 숫자 사이에 중간이 없습니다. 그러므로 기술적으로는 '아날로그'가 사람의 감성에 더 가깝고 디지털보다 한 수 위로 볼 수 있습니다. 그러나 과거의 기술은 품질이 일정하지 않았고 불량률도 높았으며 부품의 정밀도와 감도도 떨어진 상태에서 아날로그 기술로 제품을 만들었기 때문에 다소 조악할 수밖에 없었습니다. 신형 고품질 디지털 기기들은 CPU가 빨라지고 메모리 반도체 용량은 기하급수적으로 커진 상태에서 민감도 높은 고품질의 부품들로 기술을 구현하여 사람이 느끼는 한계 수준으로 감각의 단계를 잘게 쪼개어 숫자를 더 늘려 사람의 감성에 가까운 장비들을 구현할 수 있게 되었던 것입니다. 흔히 말하던 어설픈 합성어 '디지로그'를 스펙으로 구현한 것입니다.

과거 외제차들이 터치스크린을 자동차에 적용하지 못할 때 우리나라

사제 AV들은 너무나도 빠르게 터치스크린 모니터를 활용해왔습니다. 특히 카오디오와 내비게이션 업자들이 선도적 역할을 했습니다. 참 편리한 기능이긴 하지만, 터치스크린 조작은 자동차 조작의 옵션파트에 머물러야지 자동차의 메인 오퍼레이팅용으로 활용되는 건 위험합니다. 운전 중 터치스크린의 오조작률과 그에 따른 위험성을 전문가들은 경고하고 있지만 메이커들은 아랑곳하지 않는 실정입니다. 이대로 가다가는 핸들까지 터치스크린으로 비비면서 운전하게 될까 걱정입니다. 터치스크린의 조작 범위는 운전을 멈추고 정차 중에 하거나, 부득이하게 운전하는 동안 조작해야 하는 상황이라면 운전 중 대충 터치해도 인식이 가능한 단순한 인터페이스여야 합니다. 그러므로 요즘 자동차들이 사용하고 있는, 가까이 봐야만 알아볼 수 있는 세밀한 그래픽과 여러 단계의 메뉴를 거쳐야 하는 터치 인터페이스 디자인은 바람직하지 않습니다. 하지만 자동차메이커들이 여전히 터치스크린을 이용한 자동차 조작 파트들을 늘려나가는 데는 '원가 절감'이라는 이유가 있습니다. 버튼이나 배선 등의 부품을 하나라도 안 다는 것이 원가 절감으로 이어지기 때문입니다. 제작공정에서 배선이 여러 개 빠지고 버튼들도 여러 개 생략되면 자동차 제작공정에 들어가는 인건비도 적게 들 것이며 부품 원가도 절약하고 공정도 더 단순해지며 부품 재고 물류비용도 절감되는 것입니다. 그렇게 해서 차 한 대당 20만 원의 제작 원가만 절감한다 해도 5만 대당 100억 원의 이득이 생기니 어느 메이커가 그 수익을 마다하겠습니까? 게다가 디지털 시대라 하여 웬만한 전자기기들은 터치스크린 조작판넬을 첨단기술의 상징이라도 되는 것처럼 활용하고 있으니, 그런 유행에 편승하는 게 메이커 입장에서는 좋을 것입니다. 그러나 반대로 사용자 입장에서는 터치스크린의 남용은 오히려 불편하고 위험하기까지 합니다. 운전 중엔 조작하기가 힘들 뿐만 아니라, 일부 깔끔한 유저들은 터치스크린에 손가락 자국이 남는 게 싫어서 손도 안 대고 사용을 자제하기도 한답니다.

과거에 기술력 부족으로 아날로그 장비들이 제 기능을 못 하는 동안 반짝 등장한 디지털 기기들은 상대적으로 이득을 얻었습니다. 앞으로 미래의 자동차 편의장비들의 인터페이스 디자인은 인간 중심의 사고방식으로 재설계되어야 합니다. 아날로그 장비든 디지털 장비든 기술은 진정 고품질화되어 다시 사람의 품으로 돌아와야 합니다. 디지털과 아날로그의 콜라보레이션이라도 상관없습니다.

"Form Follows Human."

사람의 감각체계와 사고방식, 움직임 등 무엇이 되었든 인간이 주체가 되어야 합니다. 기계는 사람을 중심으로 움직여야 합니다.

디자인계에 유명인물인 루이스 설리반이 남긴 "Form follows function."이라는 말은 1800년대 말 1, 2차 산업혁명을 통해 양적 팽창을 한창 달리던 시대에나 통할 뿐, 아직까지도 논란의 여지만 남기는 불완전한 말이었던 것입니다.

자율주행 자동차

요즘 자동차들은 차가 운전자를 감시하고 있다가 수시로 간섭을 합니다. 안전을 위한 건지 뭔지 애매한 생각이 들 때도 있습니다. 또한 내비게이션의 보급으로 인류의 길눈이 어두워지고 있고, 어라운드뷰 카메라로 공간인식력도 퇴화하고 있는 기분입니다. 물론 차선 인식 시스템이나, 충돌방지시스템 같은 위급상황에 대비한 장치의 도움으로 사고율은 줄어들고, 어댑티브 크루즈 컨트롤 기능으로 운전자들도 편리해지고 있습니다. 그런데 아직은 기계와 인간 사이에 역할분담이 제대로 이루어지지 않아 자동차 운전의 주체가 기계인지 사람인지 헷갈리기도 하고 상충하는 부분들도 생겨나고 있습니다. 심지어 차에 타서 시동을 걸기 전에 차에 장착된 셀프 음주측정기에 합격해야만 시동이 걸리는 차도 있습니다. 안전

을 위해서는 이런 기능이 나쁘다고만 볼 수 없겠지만, 이런 과잉친절보다 운전보조의 안전장비 개념으로 접근하는 편이 논란의 여지가 적을 것 같습니다. 사실 자동차의 인공지능이 운전자를 항상 감시하면서 사소한 문제까지 지적하며 간섭하는 것은 사람의 정서에도 좋지만은 않습니다. 앞으로 자동차의 자율성과 운전자의 명령에 대한 수동성의 경중을 가리고 우선순위를 정하는 것도 해결해야 할 논의 대상입니다. 오늘날 여러 업체들이 만들어 실제 도로에서 시범운전까지 하고 있는 자율주행 자동차는 아직은 홍보용에 불과합니다. 자동차는 교통관제 데이터를 분석하거나, 센서 및 경로추적 장치의 작동 여부를 연구하는 IT 업체들의 정보처리 능력을 과시하기 위한 용도가 아닙니다. 사람의 생명과 연관되어 있으므로 자율주행 도입은 더욱 신중해져야 합니다.

1. 산업현장의 무인운반차[24)]

무인운반차가 화물을 실어 나르는 기술은 산업현장에서는 이미 수십 년째 사용 중입니다. 테슬라 같은 공장에서는 이것을 '스마트카트'라고 부릅니다. 아마존 물류현장에선 '키바로봇'이라는 애칭을 쓰기도 합니다. 일반적으로 공장이나 물류센터에서 단순반복적인 물류운반은 무인운반차가 담당하고 있는 시대입니다. 현재 무인운반차에 적용되는 기술은 일정 구간에 레일을 깔아놓고 그 위를 단순반복이동하는 RGV(Rail Guided

24) AGV(Automated Guided Vehicle): 공장이나 물류센터 등 산업현장에서 공정 간 자재나 반제품 운반을 자동으로 수행하는 시스템 설비.

Vehicle), 바닥에 유도신호를 방출하는 케이블을 매설하여 매설된 선을 따라가는 방식(wire guided vehicle), 또는 바닥에 그려진 차선의 형상을 따라 이동하는 방식(optic guided vehicle) 등 다양합니다. 최근에 가장 널리 사용되는 무인운반차는 LGV(Laser Guided Vehicle)라 하여 레이저 스캐너가 회전하면서 광선을 방사형으로 쏘고 경로 주변에 설치된 리플렉터를 통해 광선이 반사되면 마치 박쥐가 초음파로 장애물을 피해 날듯이 현 위치를 파악하여 지정된 경로를 따라 이동하는 방식입니다. 이 경우는 와이어를 매설하거나 선을 긋거나 레일을 까는 번거로움 없이 아무 데나 리플렉터를 통해 얻은 차 위치에 대한 좌표 데이터만으로 자유롭게 경로를 지정하여 차가 이동할 수 있는 장점이 있습니다. 물론 범퍼나 스토퍼 등 안전장치도 있습니다.

2. 도로 위의 자율주행 자동차

현재 산업현장이 아닌 도로를 다니는 일반 승용차에 시도하는 자율주행 자동차 또한 이러한 LGV와 유사한 개념입니다. 그러나 승용차가 다니는 길은 산업현장처럼 모든 게 설계되어 있고 통제된 환경이 아닙니다. 일반도로의 승용차는 수많은 돌발 상황과 제각각의 목적을 가진 운전자들, 저마다의 자동차 스펙과 속도를 지닌 다양한 차들에 섞여 하나의 도로를 공유하며 달리고 있습니다. 때문에, 위성으로부터 받는 GPS 좌표와 주변의 장애물을 인식하는 근접센서를 장착하는 정도로 자율주행을 시도하는 것은 어림없는 일입니다. 구글이나 몇몇 업체에서 곧 자율주행 자동차를 출시한다는 기사가 연일 쏟아지고 있지만 아직은 유인 자동차의 운전보조 수단일 뿐 완전한 자율주행 자동차는 아닙니다.

미국처럼 대부분의 도로가 직선인 경우 잠시 포토 센서를 이용하여 차선을 인식하고 직진만 시킨다거나, 인명피해의 걱정 없는 황량한 사막 한가운데서 GPS 좌표와 간단한 장애물 센서를 통해 목적지로 이동한다거나, 한없이 막히는 길에서 찔끔찔끔 앞차만 따라간다거나, 차 앞으로 뭔가 튀어나왔을 때 급정거한다거나, 또는 도로 자체가 자율주행 자동차에 맞게 설계된 제한된 구간에서 실험적으로 몇 대의 차가 자동운전을 해본다거나, 주차라인을 이용해 공식대로 주차하는 것은 지금의 기술로도 충분히 실현할 수 있습니다. 문제는 이런 상황을 제외한 돌발 상황에 대응할 만큼 자동차들이 똑똑하지 않다는 것입니다.

1950년대 GM의 자율운전 실험

1950년대에 이미 GM이 고속도로와 자동차를 하나의 시스템으로 통합하는 실험을 했었습니다. 자율운전 기술은 비공식적 시도도 꽤 많았고, 지금도 세계 여러 곳에서 이런 종류의 실험은 계속되고 있을 것입니다. 우리나라도 기아자동차가 국내 모처와 자율운전 시스템 도로 개발 양해각서 체결을 하고 곧 착수할 것이라고 합니다. 1950년대의 기술을 왜 이제야 시연하려는지 자세한 사정은 모르겠으나 공공도로 시스템이 철저히 통제되는 구간에서는 부분적으로나마 설득력이 있긴 합니다. 물론 통신모듈이나 소프트웨어 알고리즘은 1950년대 스타일이 아닌 최신형을 도입하겠지요? 설마 방산비리처럼 개발비만 탕진하고 관계자 돈 잔치하고 끝나지 않기를 바랍니다. 몇 년 전부터 등장한 구글의 자율주행 자동차는 스스로 기존의 도로를 그냥 이용할 기술적 목적은 가지고 있으나 아직도 제대로 구현하지 못하고 있습니다. 한 마을을 무대 세트장처럼 꾸며놓고 그 안에서만 다닙니다. 테슬라의 자율운전 시스템도 성급한 장삿속이었다고 할 수 있습니다. 아직도 크고 작은 시스템 패일로 인한 교통사고가 끊임없이 발생하고 있지요. 그러나 실패사례는 최대한 숨기고 성공사례만 확대하여 홍보하고 있습니다. 그리고 대중은 매스컴의 홍보를 여과 없이 '지식'으로 받아들이고 믿어버리는 실정입니다. 분위기가 이렇다 보니 전 세계 모든 자동차메이커들이 자율운전 기술개발을 차세대의 희망으로 보고 있습니다. 이런 추세라면 전 인류가 지혜를 모아 곧 죽이든 밥이든 뭐든 만들 것 같기는 합니다. 그러나 현재의 자율주행 자동차의 상황판단 능력은 좋게 말하면 풍뎅이 수준입니다. 파리만큼도 안 되죠. 파리나 풍뎅이나 곤충의 일환으로 보면 거기서 거기겠지만, 적어도 파리의 상황대처 속도와 비행능력은 풍뎅이보단 한 수 위입니다. 아마도 많은 사람들이 아직은 한낱 풍뎅이만도 못한 기술을 믿고 자동차의 운전대를 넘기고 싶지는 않을 것입니다. 그보다는 운전경력이 많아 돌발 상황에 노련하게 대처할 수 있고 정신과 신체가 건강한 사람이 운전해야 마음 편히 달리는 자동차 안에 있을 수 있겠지요.

3. 과제

자율주행 자동차가 상용화되기 위해서 풀어야 할 과제는 차가 현재의 운전자(사람)와 같은 수준으로 도로 상황을 판단하는 능력을 가지고, 다양한 돌발 상황을 정확하게 인식하여 적절한 반응을 해야 합니다. 예를 들어 도로에 사람이 서 있다면, 그가 일반인인지 경찰인지, 뭘 하려는지 정도는 판단할 수 있어야 하며 주변을 달리는 차들이 무슨 차이며 어디로 가는 중인지 도로의 흐름 정도는 파악할 수 있는 판단력이 필요합니다.

그렇게 되면 GPS에 입력된 내비게이션 데이터들과 도로관제 시스템이 연동하여 더욱 편안하고 안전한 자율주행이 가능해지고, 아이들을 무인차로 통학시키는 것도 가능해질 수 있을 것입니다. 그러나 최근까지 20년가량 산업현장의 무인운반차 관련 일을 해왔던 제 관점에서 그 시기는 매스컴의 홍보와 달리 좀 더 먼 미래입니다. 예를 들어 구글이 실제 도로에서 시범운전 했다는 자율주행 자동차는 이벤트성 홍보용에 불과합니다. 왜냐하면 그들은 IT 업체이기 때문입니다. 자동차 업체라면 자율주행 자동차를 상품으로 만들어 판매할 경우, GPS 시스템이나 교통관제 데이터 따위가 아니라 사람의 생명을 직접 다뤄야 하기 때문에 더욱 신중해지는 것입니다. 언론의 호도 속에 자율주행기술을 조금 응용한 것 가지고 자율주행 승용차의 기술이 이미 실현되고 있는 것처럼 설명되고 있으나 진실은 다릅니다. 일부 구간을 통제하여 제한적으로 자율주행 승용차를 시연

하는 정도는 지금도 얼마든지 가능합니다. 그러나 자율주행 승용차가 사람이나 화물을 싣고 기존의 도로를 스스로 달리려면 몇 가지 조건을 충족해야 합니다.

① 사람 수준(또는 사람 이상의)의 상황 판단력을 가져야 합니다.
② 불가피한 사고에 대한 도덕적 판단 기준이 정확해야 합니다.
③ 법과 제도가 자율주행차를 수용할 수 있을 만큼 발달해야 합니다.
④ 기계 신뢰성이 높아야 하며 오작동을 철저히 통제해야 합니다.

이런 상황이 모두 충족된다면 도로에 사람이 운전하는 차와 자율주행 자동차가 공존하는 모습을 볼 수 있을 것입니다.

4. 자율주행 도입절차

모든 무인조종기술이 자율운전을 의미하는 것은 아닙니다. 특히 대중교통 수단에서는 더욱 민감한 조건이 따르지요. 자율운전 기술의 상용화를 위한 방법으로 업계는 4가지 단계를 이야기합니다. 그중 레벨 4가 완전자율이지만 아직 구현 시기가 묘연하고, 현실적으로는 레벨 2 즉, 반자동 자율주행입니다. 레벨 3은 늘 자율운전을 하다가 필요할 때에 수동으로 운전하는 경우인데, 이 또한 아직 구현하는 데 신뢰성과 안전성, 인프라 시스템이 병행 발달해야 합니다. 그러면 자율운전 도입절차는 어떻게 될까요? 우선은 물류 시스템이 자동화될 것입니다. 이미 첨단 시스템을 도입한 신항만 안에서는 컨테이너 물류를 위해 자율주행 트럭들이 다

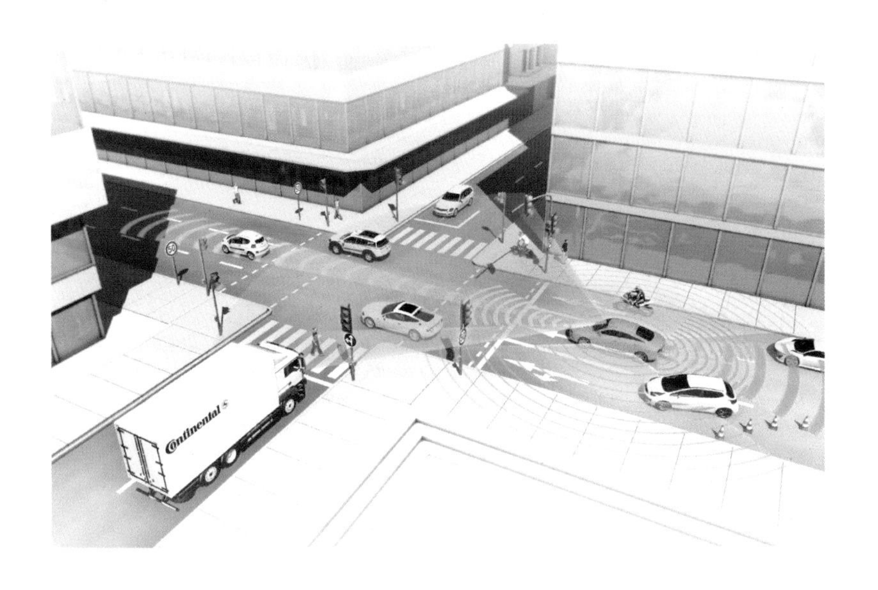

닙니다. 공장의 무인 운반 시스템은 이미 수십 년째 사용 중입니다. 아스팔트와 건물 보행자 대신 공장 바닥과 생산 기계 그리고 직원이라는 차이뿐입니다. 다만 공장은 일반 공도와 달리 통제된 공간이기 때문에 이런 게 가능했었던 것입니다. 그렇다고 해서 자동주행 시스템을 도입한다며 일반 공도를 공장 내부처럼 철저히 통제한다면 사회적 반발이 심할 것입니다.

다음으로는 버스나 배달물류 자동차들이 자동화될 것입니다. 레일 위의 기차도 아직은 레벨 2~3 수준인데 버스가 레벨 4에 달하는 건 언감생심이겠지만, 적어도 공도 위의 일반 버스나 트럭들 또한 머지않아 레벨 2~3 정도에 도달하게 될 것입니다. 그리고 최종적으로 일반 승용차가 자율운전을 도입하여 동네 골목길을 지나, 도어 투 도어 자율주행이 가능해지겠지요. 그러면 스포츠카는 어떻게 될까요? 스포츠카들은 운송기구라기보다 하나의 놀이기구 차원에서 사람의 드라이빙 쾌감을 위해 더욱 재미있고 안전한 방향으로 자율주행 자동차와는 다른 개념으로 발달해야 합니다. 만약 모든 자동차의 목적이 오로지 A지점에서 B지점으로의 이동을 목적으로 한다면 요즘 유행하는 자율주행 기술은 모든 자동차의 필연적 미래일 것입니다. 그러나 인간이 느끼고 즐기는 영역인 드라이빙 쾌감까지도 컴퓨터나 센서에 양보해야 하는 걸까요? 자율주행 기능은 운전에 취미가 없는 사람들을 위한 편의장비 차원의 옵션이 아니었던가요?

가정용 자율주행 자동차는 아이들의 등하교를 책임진다거나, 우리의 삶 속에서 일상적으로 요구되는 단순이동경로를 스스로 운행하는 정도의 운반기기일 뿐입니다. 반면에 운전을 즐기는 사람들을 위해서 미래의 차는, 위급상황에 인명을 보호하는 프로그램이나 제대로 작동하길 바랍니다. 그리고 진정한 미래의 자동차는 사람에겐 드라이빙 쾌감을 증폭하는 메카니즘이 반영되어야 합니다. 따라서 미래의 스포츠카들은 성능은 더욱 강력하게, 스타일은 더욱 멋지게 발전할 것입니다. 자율운전 시스템이 해야 할 일은 운전자가 운전하기 싫을 때 또는 운전할 수 없는 상황을 대신해 이동하는 정도여야 합니다. 또는 사고로 부상했을 때 이머전시 레스큐 모드를 켜고, 병원과 경찰에 연락을 취하여 부상자를 위한 골든타임을 지켜주는 역할을 해야 합니다. 상황에 따라서는 부상한 운전자를 태우고 병원까지 알아서 가야 합니다. 따라서 미래의 자율주행 승용차는 어지간한 사고에도 기본 기능은 유지되어야 하며, 통신장치 및 기관의 신뢰성이 우수해야 합니다. 인간의 본성 중 하나인 '유희성(드라이빙 쾌감)'은 영원히 퇴화할 수 없는 본능입니다. 요즘 대세인 욜로(yolo)족의 등장도 돈이 많아서가 아니라, '이대로는 못 살겠다'는 정신이 바탕에 깔린 것이지요. 물론 모든 인간의 욕구가 최종에는 유희나 쾌락으로 끝나지는 않습니다. 생활이 안정되고 기본 욕구가 충족될수록 자기만족의 '성취감'이나 대외적 '명예욕', 인생관에 따라서는 '사회봉사' 등의 다양한 삶들이 있습니다. 그러나 분명한 것은 삶이 지겨워질수록 인간은 색다른 것을 추구한다는 것이고, 그중 하나가 커스텀 메이드 스포츠카일 수도 있다는 것입니다.

사례연구

리빌드 사례_리오-스트리트 카

이것은 2005년에 시작되어 2007년에 끝난 사례입니다. 우리나라 법엔 개인제작 자동차가 고속도로를 달릴 수는 없었기 때문에 튜닝이라는 방법으로 차를 만들었습니다. 차대는 기아자동차의 '리오'를 활용했지요. 우선은 차 외형에 문제가 있음을 느끼고 외관 스타일링은 법의 한도 내에서 문제가 생기지 않을 만큼만 모양을 다듬기로 했었습니다. 대학 때 도예를 전공했던 제 아내의 도움을 받아, 본격 개조 작업에 착수했습니다. 이 차의 튜닝 목표는 내구성의 손실과 연비의 악화 없이 차의 성능을 올리는 어려운 방향을 택했습니다. 기존의 1500cc 엔진으로 무리하게 성능을 올리고 내구성과 연비가 악화되는 것보다 엔진에 여유 출력이 충분하고, 내구성도 보장된 잘나가는 차를 만들기 위해 선택했던 중간점이 당시로선 2000cc 엔진이었습니다. 처음엔 자연흡기 엔진 튜닝으로 시도했다가 기술적 한계를 느끼고 이내 터보엔진으로 교체했습니다. 그리고 차의 외

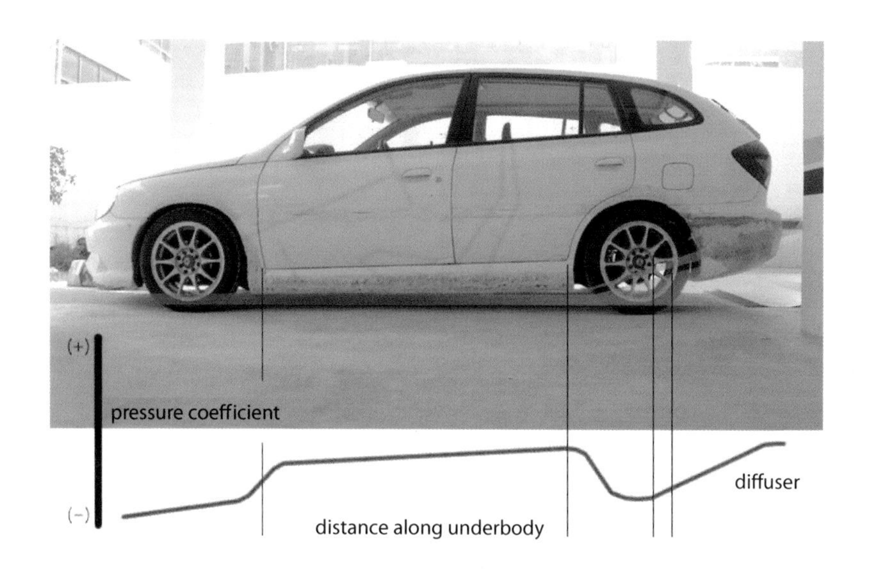

장 스타일링 계획 또한 성능튜닝의 일환으로서 바디의 공기역학을 반영하여 조금이라도 더 잘 달리는 자동차로 만들기 위한 선택이었습니다. 인테리어 계획은 사람이 조종하는 기계이므로 운전감성에만 치중했습니다. 처음에는 FF 자동차의 취약점 중 하나인 무게 배분을 위해 배터리를 뒤로 옮기고, 시트 포지션도 뒤로 옮기는 작업부터 시작했습니다.

공장에서 대량생산되는 자동차들은 생산 공정을 단축해 원가를 절감하기 위해 기본적이고 꼭 필요한 주요 부위만을 용접합니다. 때문에, 비틀림 강성이나 충돌, 전복사고 등에 대한 대비가 그리 강하지 않습니다. 그래서 일단 차를 완전분해하여 구석구석 철판 이음새들을 한땀 한땀 스폿 용접으로 재접합하여 바디 강성을 확보하고, 내부에는 롤 케이지를 장치

하면서 토션빔 방식 리어 서스펜션을 스트럿 및 멀티링크 방식으로 섀시 구조도 바꿨습니다. 또한 스프링을 주문 제작하여 서스펜션을 커스텀 하였고, 앞부분은 다른 준중형 양산자동차의 하부 프레임과 로어 암을 활용했습니다. 그리하여 엔진, 배선 등 모든 걸 다시 만들어 달았습니다. 레이싱팀의 경험을 빌려 터보엔진도 세팅을 하고 사제 버킷시트를 사서 브라켓은 알루미늄 플레이트를 톱질하여 잘라 만들었습니다. 몇 가지 다른 차종의 부품들로 조합하고, 없는 부품은 만들어가며 차를 재구성했던 것입니다. 성능은 최고속 260km/h 정도였고, 제로백은 약 6초 정도였습니다.

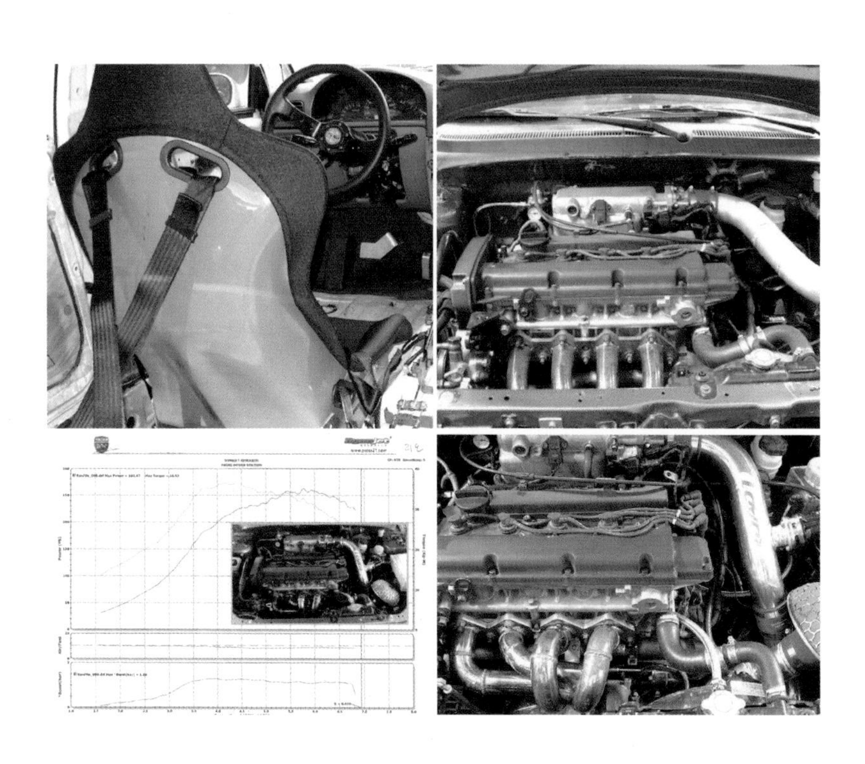

TR01 프로젝트는 수제자동차산업의 국내활성화방법에 대한 현실적 실험대상이었습니다. 결과적으로 몇 군데 FRP 제작업체와 대형 진공성형공장, 금형설계 가공공장, 레이싱팀, 신차개발 프로토 타입 제작업체들과 교류하며 우리나라 튜닝산업의 허와 실, 그리고 수제자동차산업의 시

장진입 장벽 등 여러 가지 문제점을 느낄 수 있었습니다. 레이싱팀에 새 시설계를 통째로 맡겨보고, FRP 공장에는 바디 제작을, 진공성형 공장에는 책상 정도 크기의 대형금형을 깎아 ABS 수지로 찍어도 봤습니다. 각각 수천만 원씩 억대의 돈을 들여서 이런 연습 아닌 연습을 해본 이유는 과연 현재 한국의 산업/생산 시스템에서 수제스포츠카 제작의 실무적 가능성은 어느 선인가를 파악해보기 위함이었습니다. 그러나 FRP 제작품은 성형품의 치수와 마감에 있어서 제조업자로서의 기본에 관한 문제들이 드러났고, 대형금형은 있을 수 없는 치수 오차들이 발생했으며, 레이싱팀에서는 거의 완성 직전이었던 튜닝리오를 헝그리튜닝 양카처럼 둔갑시킨 적도 있었습니다. 이런 실력으로는 싸구려 키트카 정도는 만들 수 있겠지만, 값어치 있는 수제스포츠카를 만들 수는 없습니다.

자동차 시장에서 양산자동차에 의한 획일화 현상은 유저들의 직접적이고 개인적 성향의 튜닝이라는 작업을 통해 자유를 찾고 있으며, 메이커들도 전문성을 부여하는 다양한 모델의 라인업에 나서고 있습니다. 잘 달리는 자동차를 만들기 위해서는 주행저항(구름저항, 공기저항)을 줄이고 추진력(토크×회전수×기어비×타이어들의 함수관계)을 올리는 것이 중요합니다. 물론, 핸들링 향상과 운전자의 운전피로도 최소화 또한 중요합니다. 엔진의 회전력(마력) 상승을 위한 방법으로 엔진 구성부품 가공 및 경량부품으로 교체와 더불어 고압축비와 스트로크 튜닝, 보어업, 하이캠과 밸브튜닝, 강제과급 또는 자연과급을 활용한 흡배기튜닝, 기계의 작동저항을 줄이기 위한 윤활 및 냉각계통 튜닝 등 여러 가지를 손볼 수 있겠지만, 단순한 스펙주의에 사로잡혀 남들이 좋다고 하는 것들을 자기 차의 상태나 조건에 대한 신중한 검토 없이 무조건 적용하는 것은 오히려 엔진의 조율을 망치는 원인이 될 수도 있습니다. 무분별한 튜닝용품 장착이나 무리한 가공으로 돈은 돈대로 들이고 순정보다 못한 결과를 초래하여 나중에 후회하는 일이 생기지 않도록 신중하게 접근해야 합니다. 자동차 튜닝을 위해서는 실험을 통해 연구 검토된, 궁합이 잘 맞는 방향으로 조율하는 것이 좋습니다. 즉, 순정부품을 그냥 쓰는 범위를 어디까지 할지, 어느 부분을 튜닝용품으로 어떤 가공을 통해 교체할지, 또는 순정가공을 통한 개선을 어떻게 해야 할지 등을 잘 따져야 합니다.

리빌드 사례_ 레인지로버

아래의 사진은 2010년에 레인지로버 4.0을 튜닝한 사례입니다. 파워트레인과 드라이브 트레인을 모두 바꿨으니 단순히 튜닝이라기보다 리빌드 했다는 표현이 더 어울립니다. 기존의 자동차에 있던 휘발유 엔진, 밋션, 리어액슬, 연료탱크, 라디에이터, 계기판, 에어쇼바, 컴프레샤 방식 브레이크 등 거의 모든 장치를 탈거하고 새로운 컨셉으로 차를 재구성했습니다. 발상의 전환이었죠. 레인지로버의 강한 차체는 그대로 활용하고 효율과 유지보수에 문제가 있는 시스템을 개선하는 프로젝트였습니다. 우

션은 내구성과 연비가 모두 좋은 벤츠의 직렬 5기통 터보 디젤 엔진과 밋션을 기존의 프레임 바디 구조에 결합하여 6개월의 시간을 통해 합법적으로 구조변경 완성했습니다. 전기 배선작업만 두 달이 걸렸습니다. 그리고 2011년 3월 완성 후 지금까지 큰 문제 없이 사용하고 있습니다. 연비는 리터당 11.0km, 제로백 7초, 최고속도 210km/h로 세상에 한 대밖에 없는 SUV가 되었습니다. 특히 오디오는 매킨토시 앰프 3대, 매킨토시 헤드&멀티 크로스오버 풀방음, 프론트 3웨이(메트릭스(독일) 리어 2웨이 스피커(네덜란드) 그리고 우퍼(미국), 하이엔드 전기선, 스피커선 및 신호선으로 세팅했습니다.

2004년경 레인지로버 중고차가 시장에 나왔다는 연락을 받았습니다. 그때는 이미 구형 코란도 9인승을 튜닝하고 있을 때였는데, 그 전에도 몇 번이나 중고차 시장에 레인지로버가 나오면 찾아가서 시승할 정도로 관심이 컸습니다. 결국 랜드로버 레인지로버를 튜닝하여 그간의 로망을 실현해보기로 했습니다. 1999년도 생산, 2000년 형식승인/수입된 레인지로버 2세대 모델이었는데요, 레인지로버는 랜드로버에서 세계적인 SUV 시장의 성장세에 맞춰 1970년대부터 럭셔리 SUV의 컨셉으로 기동성과 쾌적성을 모두 만족시켰던 대표적 모델입니다. 현재까지 50여 년 동안 4세대 모델로 발달했는데, 특히 초창기의 1세대부터 2세대까지의 모델이 가장 정직하고 강인하게 오프로드의 낭만을 구현해줬던 사례입니다. 영국에서는 왕실 의전차량으로 레인지로버를 활용하고, 유명 연예인부터 사회적으로 명망 높은 사람들에 이르기까지 폭넓은 인기를 얻고 있습니다.

이 차를 구입한 후 우선은 헤트라이트 등 램프류 일체를 신형으로 교환하고, 오일류도 모두 교환, 정비하였습니다. 하지만 코란도 9인승도 오프

로드 튜닝카로 새로 만들었기에 출퇴근은 유지비가 저렴한 코란도 9인승을 애용했죠. 십여 년 전, 당시 서울에서 천안까지 레인지로버 4000cc 가솔린 엔진 자동차로 출퇴근하기에는 연비가 치명적이었습니다. 100리터의 휘발유를 연료통에 가득 채워도 간신히 천안에 두 번 출퇴근하면 바닥이 났었으니까요. 또 다른 문제는 방전의 원인을 찾을 수 없다는 것이었습니다. 배터리만 세 번 교체하는 동안에도 원인을 찾지 못했었죠. 에어쇼바는 자꾸 문제를 일으켜서 일반 스프링과 쇼크 업소버로 영국에서 직접 수입하여 교체하기에 이르렀습니다. 또한 앞범퍼에 정품 보조범퍼를 달았고 차 지붕의 랙도 추가했습니다. 레인지로버가 4년을 넘긴 중고차여

서 이후 소모품 교환에 큰 비용을 들였지만 소유를 포기하지는 않았습니다. 또한 오프로드 동호회에 이어 랜드로버 동호회에 참가하는 계기가 되기도 했죠. 하지만 2008년부터 엔진온도가 급격히 올라가는 현상이 자주 반복돼 2009년도는 거의 코란도 9인승을 이용했습니다.

이윽고 여러 가지 문제가 있었던 레인지로버를 쓸모 있게 개선하기 위해 차를 종합적으로 손보기 시작했습니다. 비용만 해도 국산 승용차 한 대 가격이 소모됐지만 나름대로 보람 있었습니다. 우선 차 엔진과 센터락이 들어있는 거대한 밋션을 탈착해야 했습니다. 2010년 당시 법에는 엔

진의 종류와는 관계없이 출력만 기존 엔진보다 낮지 않으면 괜찮았습니다. 요즘은 법이 바뀌어 반드시 동일차종의 엔진이어야 합니다.

일단 쌍용의 렉스턴2 엔진으로 결정하였는데, 당시만 해도 쌍용은 벤츠의 엔진을 사용했었습니다. 새로 장착한 2.7ℓ 터보 디젤 엔진은 가솔린 4ℓ 엔진보다 연비 면에서 훨씬 유리했습니다. 그러나 엔진 파워 트레인이 바뀌면서 ECU도 바뀌고 오토밋션이 함께 바뀌면서 동력전달 축을 비롯해 액슬 및 휠타이어에 이르기까지 드라이브 트레인까지 하나의 시스템으로 다 교환해야만 했습니다. 물론 일부는 레인지로버와 카이런의 차축

을 분할 이식하는 등의 개조 작업도 병행했습니다. 추가적으로 액슬의 구조가 서로 달라지다 보니 연료탱크의 위치와 사이즈도 바꿔야 했습니다. 트랜스밋션을 벤츠의 오토밋션으로 바꾸면서 엔진마운트와 밋션마운트의 밸런스를 잡는 섬세한 공정도 따랐고, 터보튜닝용 대용량 인터쿨러를 비롯해 흡기관과 배기관을 전체적으로 다시 배치했습니다. 운전대와 기어봉도 가죽 전문 장인에게 맡겨 커스텀 제작했습니다.

이렇게 엔진 교체를 성공적으로 마쳤는데 에어컴프레셔 방식의 브레이크가 자주 말썽을 부려서 일반 하이드로백 방식으로 교체했습니다. 처음엔 기존의 레인지로버의 시스템대로 에어컴프레셔 방식으로 부품교체를 하려고 했지만 비용이 터무니없었죠. 그러나 하이드로백으로 교환하는 과정도 그리 만만치는 않았는데요, 레인지로버와 서로 구경이 다른 고압 브레이크관을 안전하게 연결하는 알루미늄 배관유닛을 가공해서 서로 이어 붙였습니다. 또한 브레이크 연결축도 핸들 연결축과 간섭이 생겼는데 경첩을 두껍게 대어 핸들 연결축 위로 지나가게 하여 해결했습니다.

대략 이런 작업이 3개월에 걸쳐 여러 번의 시행착오 끝에 완성되었습니다. 그런데 옛말에 '남자가 오디오, 카메라, 자동차에 빠지면 헤어날 수 없다'는 말이 있습니다. 역시나 차의 기관이 완성되다 보니 오디오에 손을 안 댈 수가 없었습니다. 특히 카오디오는 전원의 확보와 유지가 음향에 결정적 역할을 합니다. 운 좋게도 우주선에 쓰인다는 가스관 굵기의 전기선을 미국에서 공수할 수 있었습니다. 이 차에는 10년에 걸쳐 천천히

단계적으로 카오디오를 설치하게 되었습니다. 자동차 본체 튜닝보다 카오디오 튜닝은 시행착오도 더 많았던 것 같습니다. 탈부착만 10여 회 반복했으니 말입니다. 자동차 오디오의 특성상 크게 틀어서 음악에 심취하게 되면 헤어 나올 수 없다는 말이 맞는 것 같습니다.

오디오 튜닝에서 배선의 단자는 매우 중요하기 때문에 은수저 4벌을 구해 부산 금은방에 보내 단자를 만들었습니다. 또한 마이너스 접지는 노이즈와도 관련이 있고 특히 D/A 컨버터를 쓰면 노이즈에 탁월한 효과가 있는 것 같습니다. 노이즈는 차종에 따라 선재에 따라, 어쩌면 운도 따라야 하는 부분인 것 같습니다. 노이즈를 완전히 없애는 데엔 매우 특별한 노하우가 필요합니다. 불가능에 가까운 도전이죠. 이 차의 음향 노이즈를 제거하기 위하여 브락스 메인 휴즈를 설치하고 음악용 배터리를 별도로

설치했습니다. 전원을 보강하기 위해 앰프 3대에 한 개씩 모두 3개의 브락스 캐패시터를 설치했죠.

캐패시터 사용의 목적은 배터리나 알터네이터(발전기)에서 온 전원을 저장하고 있다가 앰프에 큰 출력이 필요할 때 순간적으로 앰프 전원에 즉각 전원을 공급하는 역할을 합니다. 배터리의 방전 응답 성능보다 캐패시터의 방전 응답 성능이 월등하고, 방전과 재충전이 즉시 이뤄지기 때문에 전압이 일정하게 유지됩니다. 베이스음이 더 묵직해지며 앰프를 보호하고 전체적인 사운드에 영향을 미치게 되지요. 캐패시터가 필터 기능을 하

므로 깨끗한 전원을 공급하게 되어 전체적으로 사운드를 살려줍니다. 브락스 캐패시터는 전압이 필요할 때 즉각적인 전원공급을 유지하는 하이엔드 캐패시터라고 볼 수 있습니다. 헤드는 매킨토시 5000을 사용하였고 D/A 컨버터도 추가하였습니다. 오디오를 더 선명하게 감상하기 위해서 차량을 문짝과 C 필라 아랫부분까지 풀 방음했으며, 앞 문짝은 자작나무로 미드우퍼는 베플 작업을 했고 트윗과 미드는 레진 작업을 했답니다. 트윗 미드레인지 스피커에 미드우퍼 트윗은 프론트에 독일제 브락스 매트릭스 M 1.1과 미드레인지

는 매트릭스 M 2.1을 A 필라에 레진 작업으로 설치하였습니다. 총 11개의 스피커가 설치된 셈입니다(프론트 6개, 리어 4개, 우퍼 1개).

자작나무로 베플 작업을 한 미드 우퍼는 덴마크 스피커, 스캔 스픽(Scan-Speak) 22W 리어에는 Scan-Speak D 3004 트윗과 Scan-Speak

4531 미드우퍼 후미의 서브우퍼는 미국제 Aliante PHASE 15in을 설치했습니다. 자동차 오디오의 하이엔드 전기배선과, 하이엔드 신호선은 신경계통처럼 정확한 명령을 전달합니다. 동축케이블은 신호를 통제하고 모든 배선들은 상호작용하여 피어오르는 배음과 저음의 탄탄함과 고음의 화사함, 리듬의 정확함으로 표현됩니다. 같은 음악이지만 평소에 듣기 어려웠던 소리까지 들리게 되며, 느낌이 매우 다른 새로운 세계를 경험하게 됩니다. 매킨토시 앰프 3대는 프론트스피커와, 리어스피커, 그리고 우퍼에게 음을 전달하여 통제합니다. 뒷좌석에 설치된 앰프 3대와 크로스오버인 풀멀티 Mac 456 전기선과 신호선(RCA)은 카오디오의 소리를 완성하죠.

오프로드 동호회

최근 들어 보통의 카오디오에서도 일반적으로 블루투스를 편리하게 사용하고 있습니다. 그동안은 주로 mp3 파일이라서 음질 문제로 관심이 없었는데, 최근 wave 파일이나 flac이 호환되는 기존 D/A 컨버터에 동축케이블로 연결할 수 있는 제품이 출시되어(Ability BTM) 장착하게 되었습니다. 어빌리티 BTM은 인간이 들을 수 있는 가청 주파수를 넘는 10Hz~22kHz의 주파수 범위와 CD 음질과 동일한 16bit/44.1khz 오디오포맷, 352kbps 데이터 레이트로 블루투스의 음질과 출력을 획기적으로 향상시켜줍니다. 즉 CD 음질의 블루투스가 가능해진 거죠. 이제는 자동차에서도 CD 없이 음원만으로 하이엔드 무선 오디오 튜닝이 되는 시대입니다.

차를 좋아하다 보면 목적이 생기고, 출퇴근이 아닌 오프로드에서의 운전은 색다른 모험심과 설렘을 느끼게 해줍니다. 2000년부터 대략 10년간 오프로드 동호회 활동을 하면서 인생에서의 새로운 경험을 하게 되었습니다. 많은 사람들과 야영을 하면서 서로에 대한 이해심과 자동차에 대한 더 큰 관심이 생겼습니다. 이중 대다수는 지금도 서로 연락을 하며 지내고 있습니다.

최근 20년 동안 IT 산업이 급격히 발전하면서 온라인커뮤니티 서비스 또한 눈부시게 발전했습니다. 간단한 취미로 시작한 온라인 모임은 시간이 지날수록, 전문적인 영역의 커뮤니티 오프라인 모임으로까지 발전하게 됩니다. 저의 경우 2000년대 초 "로트와일러" 동호회, 애견카페 활동

을 하다가 거기서 만나 몇 년간 교류하게 된 지인의 소개로 "오프오드 캠핑" 카페의 창단 모임으로 가입하여 활동하게 되었는데요, 이는 자동차를 통해 사람과 사람 사이의 관계를 이해하고 서로 지식과 정보도 교류할 수 있는 계기가 되었습니다. 이러한 자동차 관련 모임을 통해서 자연스럽게 오프로드튜닝에 대한 기술과 실전 경험을 많은 참가자들은 공유하게 되고, 자동차의 이론적 지식의 한계를 넘어 실무적인 기술까지 논하게 된 것입니다.

자동차산업과 관련하여 인더스트리 5.0시대가 오면서 더욱 개성 있는 자동차 관련 취미와 동호회 캠핑이 부각 되고 있습니다. 북미와 유럽을 비롯해 뉴질랜드나 호주의 경우 4륜구동 SUV와 캠핑카라반 관련 산업이 크게 번창해있습니다. 그들은 자율주행 시대가 와도 캠핑 사이트 탐험이나 오지마을 오프로드주행을 포기하지 않을 것입니다. 어쩌면 진정한 인간미, 아날로그적인 인간미를 찾으려는 움직임이 이런 자동차에서 시작될지도 모릅니다. 인더스트리 4.0을 거쳐 또한 5.0 시대에는 새로운 자동차 튜닝과 캠핑 등을 통해 새로운 수제자동차 오프로드 튜닝사업을 기대할 수 있을 것입니다. 이미 경험 많은 오프로드캠핑의 마니아들은 어려운 우리나라의 합법과 불법의 딜레마 속에서 어렵게 튜닝기술을 발달시키면서 1970~1980년대 이후 근 50년에 걸친 노하우와 기술력으로 충분히 자동차 튜닝의 사업적 방향과 꿈을 가지고 있을 것으로 생각됩니다.

리빌드 사례_ 벤츠 SLK

벤츠뿐만 아니라, 모든 자동차 유저들 대부분은 차의 스펙과 성능에 일종의 관심을 가집니다. 그것은 오히려 하나의 권위 의식에 가깝죠. 차의 수준과 자신의 수준을 동일시하는 상징적 의미를 갖기 때문인데요. '딱' 봐도 알 수 있게 차의 존재가 말해주면 됐지 구태여 자신이 그걸 증명하려 애쓰는걸 유치하다거나 안쓰럽게 보기도 합니다. 그런 기준에서는 벤츠 SLK 200은 그 존재감이 어리숙해 보일 수도 있습니다. 이런 차 말고, 더 고급스러운 데다 가격도 고가인 AMG GT 또는 BMW M시리즈나 이탈리안 슈퍼카들도 많으니까요. 그러나 그런걸 위주로 차를 평가하는 관점을 나쁘다고 말할 수는 없습니다. 차라리 솔직한 것이겠죠. 우리는 인간이고 인간이 판단하는 기준은 사실 이성보다는 감성이기 때문입니다. 그리고 그 인간에게는 보편적으로 감성을 이성적인 듯 착각하게 해주는 '스펙주의' 즉 배기량, 호스파워, 토크, 제로백, 연비, 가성비, 브랜드, 사이즈, 그리고 억대의 차 가격 등에 의존하여 가치 평가를 하는 습성이 있습니다. 이런 감성을 가리고 아무리 순수한 이성으로 자동차를 바라봤다고 한들 오히려 거짓이나 가식에 가까울 수 있습니다. 다만 SLK200이 다른 점은 허울보다는 이성이나 과학 또는 실험 데이터라고 하는 또 다른 '스펙주의'에 의존했다는 방법적 차이만 있을 뿐입니다. 이 차는 벤츠순정 4기통 터보엔진에 별도로 칼슨의 파워팩과 인터쿨러 패키지로 출력을 조금 손본 차입니다. 터보차저는 과거 터보엔진의 급성장기였던 1980년대를 전후로 출력과 내구성은 입증 되었죠. 그러나 이 차는 제아무리 파워

킷을 달았어도 슈퍼카는 아닙니다. 그러나 노면을 따라 날아가듯 달리는 타이어의 느낌이 좋고, 터보차저의 꾸준한 가속력도 경쾌합니다. 블루투스 오디오도 잡음이 없고, 사제내비게이션도 잘 작동합니다. 주행 중 배리오루프 개폐장치, 핸즈프리, 버킷시트, 서스펜션, 핸들링, 균형감 등 여러모로 만족스럽게 잘 만들었습니다. 이 자동차는 물론 최상은 아니지만, 최상을 향해 튜닝하는 즐거움도 쏠쏠합니다. 앞뒤 바퀴 모두 캠버 조절할 수 있는 필로우볼 마운트와 조절식 컨트롤 링크로 교체하고, 댐퍼와 스프링도 바꿨죠. 빠르게 달리는 만큼 브레이크도 업그레이드했

습니다. SLK는 순정으로 타는 것보다 만들어가는 재미가 있는 차입니다.

브레이크는 국내의 모 업체를 통해 알로이 합금을 CNC로 조각하여 장착했고, UHP 타이어를 장착해 핸들링과 접지를 향상했습니다. 또한 바디 스타일링을 위해서는 다소 허전한 프론트립과 사이드스커트 그리고 리어 디퓨저를 새로 디자인 하여 커스텀 메이드 했고, 서스펜션은 단순 다운스프링과 순정 댐퍼의 한계를 느껴 몇 번의 시도 끝에 일체형 차고 조절식 키트를 장착했습니다. 와인딩과 급커브 주행에 유리하고 승차감에서는 차가 통통 튀는 느낌을 줄이기 위해 콤프레션은 강하게 하고 리바운드를 소프트하게 하여 요철에 부딪친 후 바운싱이 1회 이상 되지 않도록 했습니다.

자동차 주행거리가 10만 km에 도달할 즈음부터 엔진 체크등이 점등되며 각종 이상 징후가 나타났습니다. 원인은 밸브개폐 타이밍 어드저스터 손상. 그래도 무리하게 달렸던 주행습관에 비하면 꽤 오래 버틴 편이었습니다. 그런데 수리하는 김에 엔진을 제거해 실린더 헤드를 분해해보니, 내부에 물이 차 있고 녹도 슬었습니다. 결국 3만 km 정도 달린 중고엔진을 부품용으로 구입해 이것저것 교차조합 하여 엔진을 리빌드 했습니다.

보통의 슈퍼카들이 그렇듯 엔진을 대용량으로, 기어비는 롱 타입으로 해버리면 가속력과 최고속을 모두 향상시킬 수 있었습니다. 그러나 그런 단순한 방법 말고 낮은 배기량의 엔진으로 좀 더 지능적인 고성능 스포츠

카의 설정을 얻는 게 이 차의 튜닝 과정에서 달성하고자 했던 핵심이었습니다. 터보엔진은 토크를 충분히 올릴 수 있지만, 출력을 많이 올리기 위해 대용량 터빈으로 바꾸면 터보 지연시간이 문제라 현 수준의 순발력에서 약간 아쉬웠던 토크만 상승시키는 방법을 택했습니다. 그래서 선택했던 튜닝 키트가 '파워팩'이었습니다. 일반적으로 파워팩은 ECU의 프로그램에 개입하여 공기 대 연료 비율을 조금 높여 출력을 개선합니다. 그리고 이 차에 장착한 칼슨-파워팩의 경우는 흡기공기의 온도를 낮춰 산소밀도를 높이기 위해 장치하는 인터쿨러를 함께 업그레이드하는 방식을 취하고 있습니다. 벤츠가 튜닝한 기존의 1.8터보 엔진으로도 공도 상에서는 그다지 부족함은 없었으나, 칼슨이 개발한 파워 모듈을 통해 약간의 아쉬움을 달랠 수 있었죠. 스펙대로 1.8엔진에 360Nm는 분명 향상된 느낌이었습니다.

에어로파츠를 새로 만들어 장착하는 과정은 다소 난해했습니다. 차의 설계 데이터를 입수할 수는 없었기 때문에 차 외형을 3D 스캐너로 복제해 그 위에다 컴퓨터 그래픽으로 초안 형상을 그려보고, 그 그림을 토대로 다시 모델러와 함께 실물 스타일링 작업을 했습니다. 구상, 스캐닝, 성형, 몰드, 제작, 도장, 부착 과정을 단계별로 진행했습니다.

SLK는 1996년 1세대 모델 R170을 시작으로 출시된 벤츠의 소형 로드스터입니다. 하드톱 배리오루프를 성공적으로 적용하였으며 자동개폐식 하드톱 로드스터의 새로운 유행을 이끌기도 했죠. 벤츠는 1952년, 너무 가볍고 빨라서 위험했던 모델 300SL의 아이러니한 인기에 힘입어 스포츠카 사업의 매력을 느껴는 봤지만, 공도용 차에 있어서 안전과 성능의 딜레마 끝에 좀 더 현실적이고 더 안전한 190SL을 1954년부터 300SL과

병행/출시하였고 그 190SL이 오늘날의 SLK로 이어진 것으로 볼 수 있습니다. SLK는 스포츠카로서는 가격, 성능, 유지비용 면에서 넘치지도 모자라지도 않는 균형을 가진 보기 드문 사례 중 하나입니다. 따라서 익스트림을 추구하는 사람들에게는 맞지 않습니다. 다만 공도용 스포츠카로서의 기본에 충실한 2인승 로드스터 승용차입니다. 그러나 SLK의 순정바디 외관 스타일은 차의 하단부에서 시각적 미완성 느낌이 있었고, 우리는 그 부족한 2%를 보완하는 작업을 시도했던 것입니다.

그리고 스타일링 렌더링 원안으로부터 실물 수제작 생산 단계로 넘어가는 과정에는 관련자들의 속 깊은 이해가 필요했습니다. 즉 스타일리스트의 조형 감각이 모델러와 100% 일치할 수는 없었고 모델러의 감각도 최종 제작자와 일치하는 게 아니었기 때문에 실물의 구체화 과정에 원안의 렌더링으로부터 거리가 점점 멀어지는 상황을 경험하였습니다. 결국 기간이 다소 오래 걸리더라도 조금 더 인내하여 서로에게 만족스러운 선까지 몇 차례의 형상수정작업이 따라야만 했습니다. 제작에 사용한 재료

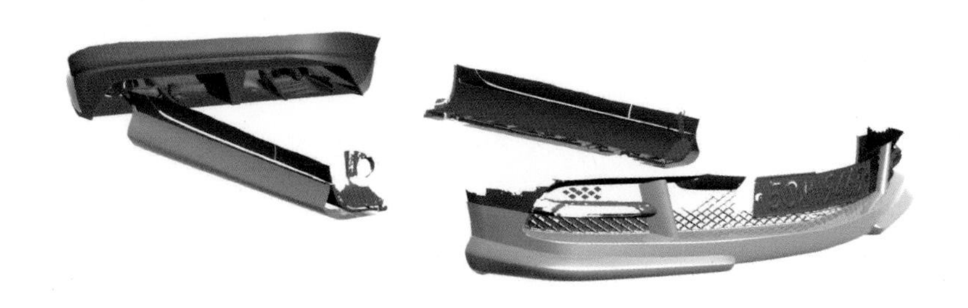

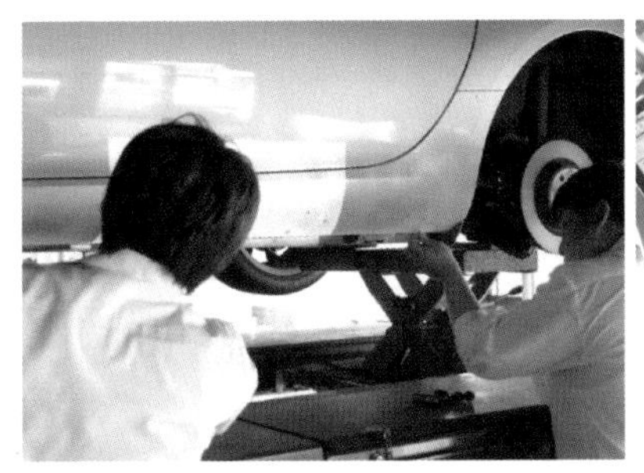

는 카본파이버와 코어메트였고 성형 방법은 진공응용 성형법으로 만들었습니다. 리어 디퓨져는 차 뒷면 하단에서 차바닥으로 깊숙이 타고 들어가게 만들어 다운포스 향상도 꾀했습니다. 사이드 스커트와 프론트립은 차바닥 구조물 하단라인과 일치하여 일상생활이나 자동차 정기검사기준에 따랐고, 순정 바디에서는 부족했던 시각적 완성도를 높였습니다.

SLK 3세대부터는 엔진이 터보차저로 바뀌었습니다. 그런데 터보차저는 터보렉이라는 게 있습니다. SLK는 그 터보랙을 줄이기 위해 작은 터보차저를 사용합니다. 그래서 2000RPM만 돼도 터보압이 차게 됩니다. 일찍 반응하는 소형터보라 출력은 높지 않습니다. 그러나 스펙은 숫자일 뿐 실제로는 잘 달립니다. 그리고 흡기에 관성이 붙으면, 기어변속 타이밍에 흡기관성을 유지하기 위해 일시적으로 덤핑밸브가 열리고 '흡퓨르룽'소리를 내며 많은 양의 흡기공기를 뱉어냅니다. 이런 건 소형엔진을 중형엔진처럼 쓰는 정도의 설정인데요, 터보차저와 오토매틱 기어의 조합은 적절해 보입니다. 둘 다 예열과 후열이 필요하고 관성관리를 하며 타야 하

는 거니까요. SLK를 잘 모르는 사람들은 이 차를 스포티하게 몰지 못합니다. 그냥 밟으면 나가는 줄 알고 몇 번 밟아보고 고개를 갸우뚱합니다. SLK200 같은 소형 터보엔진 자동차는 RPM에 리듬을 타고 관성을 유지해주는 기술이 필요한 자동차입니다. 탄력을 받고 주행관성에 리듬을 타는 게 그리 쉽지만은 않습니다.

이 차를 약 10만 km 넘게 타는 동안 타이어 6번, 브레이크 3번, 서스펜션도 3번 교체했습니다. 그런데, 이젠 저 터보차저의 수명도 다 되어갑니다. 약 20만 km까지는 쓸 수 있도록 설계되어 있겠지만, 고속주행과 급가속을 자주 하기 때문에 8년 차 15만 km쯤 되면 교환해야 할 수도 있을 것입니다.

그때가 되면 교환하는 김에 용량을 좀 더 키우고 ECU의 연료 분사량과 타이밍 등 몇 가지를 튜닝하여 지금까지와는 또 다른 새로운 자동차로 세팅할 계획입니다. 이 차의 엔진이 낼 수 있는 능력과 차의 용도로 볼 때 현재 수준이 나름 적정선인 것 같지만 자동차 부품들의 수명도 하나씩 교

환 주기가 다가오고 있으므로 부품 교환과 정비 시점마다 하나씩 소소하게 개선하며 차를 사용하는 게 나름 재미있습니다.

이어서 소개할 자동차는 'SLK340'이라고 이름 붙인 힐 클라임 레이싱 튜닝카입니다. 스위스의 한 레이싱카 엔지니어링 업체가 튜닝한 사례입니다. 작업 프로세스는 순정 SLK를 컴퓨터 그래픽으로 재설계한 후, 차를 분해하여 내부에 롤 케이지를 용접하는 과정으로 시작합니다. 레이싱 개조 시 개폐식 배리오루프의 기능을 없애고 일체형 바디 하드탑으로 지붕

을 일체화하는 건 안전을 위해 필요한 과정입니다. 그리고 내부에 롤 케이지를 장착하는 과정에서 자동차의 섀시프레임 보강 작업도 병행하였으며 서스펜션도 더블 위시본 레이스 타입으로 구조변경을 했습니다. 휠타이어를 대형으로 바꾸고 차폭도 넓혀서 급커브가 많은 오르막길의 와인딩 성능을 향상했죠. 타이어가 돌출된 만큼 오버펜더 형상으로 새롭게 스타일링 하여 자동차의 바디 외장킷은 FRP와 카본파이버로 다시 만들어 씌웠습니다. 파워 트레인은 5000cc V8 튜닝엔진을 썼고 트랜스밋션은 세미오토 레이싱기어박스를 뒷차축에 분리한 프론트 미드쉽으로 장치하고 거대한 다운포스윙을 아낌없이 달았습니다.

이 차가 지향하는 목표는 힐클라임 머신입니다. 산의 오르막길을 거침 없이 달려 올라가기 위해선 급격하게 반복되는 헤어핀턴과 구불구불한 길에서 핸들링을 잃지 않고 잘 달려야 합니다. 직선구간이 짧으므로 순간 가속력도 좋아야 합니다. 그러기 위해선 레이스 타입 서스펜션과 접지가 좋은 광폭 슬릭 타이어가 필수입니다. 힘을 충분히 발휘하기 위해서 경량 휠도 필요합니다. 다운포스를 위한 사이드윙렛과 프론트 카나드, 그리고 차 바닥의 디퓨져와 거대한 리어윙들은 모두 타이어의 접지력으로 전달되도록 고안되었습니다. 이 SLK 340 프로젝트를 위해서 벤츠 SLK 튜닝 전문회사인 칼슨을 비롯해 서스펜션업체 KW, 자동차 휠로 유명한 BBS와 타이어 업체 피렐리 등 30여 개 업체가 후원 및 공동 참여했으며 더블 위시본 서스펜션 기구의 설계와 제작, 컨트롤러 세팅기술 사고예방과 안전장치 등 자동차 튜닝의 교과서적 프로젝트를 수행했습니다.

Ⅳ

자동차산업의 현재와 미래

보통의 자동차정비소만 한 규모와 장비라면 한 대쯤은 거뜬히 만들 수 있는 게 자동차라는 물건입니다. 우리나라에도 한국전쟁 후 꽤 여러 군데 생겨났었고, 트럭에서부터 승용차까지 자체디자인으로 철판을 오리고 두드려 가며 만들어 판매하면서 자동차산업이 일고 있었는데, 군사정권과 대기업들로 인해 자동차산업이 대기업 중심으로 바뀌면서 70년대부터 우리나라의 자동차산업에서 소규모 업체들은 모두 사라져야만 했었습니다. 반면 해외에선 현재 줄잡아 1천여 개의 소규모 자동차제작사들이 성업 중이며, 역사로 보면 마차 시절부터 존재하던 회사들이니 대기업 양산 자동차회사들보다는 한참 선배라고 할 수 있습니다.

이탈리아 북부 공업지역에도 소규모 수제자동차 공장들이 꽤 있습니다, 그런 공장을 이탈리아어로 '카로체리아'라고 부릅니다. 독일이나 영국과는 다르게 이탈리아의 자동차산업은 그들 특유의 장인정신과 고집으로 자동차의 외관을 멋지게 만드는 데 주력해왔습니다. 예를 들면 자가 토나 베르토네, 피닌파리나 같은 곳입니다. 그러다 보니 자동차 대량생산 붐이 일던 1930년대부터 최근까지 자동차생산업체들이 자사의 자동차를 개발할 때, 이탈리아에는 겉으로 보이는 스타일링을 의뢰하고 영국이나 독일에는 기술적 세팅을 의뢰하는 경향을 보였습니다. 우리나라의 경우 1970년대 현대자동차의 심벌인 '포니'를 예로 들면, 스타일링은 이탈리아 베르토네에 의뢰하였고, 섀시설계는 영국 모리스자동차와 기술제휴했으며, 엔진은 일본 미쓰비시 제품을 조합하여 개발했던 사례입니다. 현대자동차보다는 비교적 기술자립도가 높은 페라리를 예로 들면, 스타일링은 이탈리아 피닌파리나에 의뢰하고 세팅은 그들의 레이싱을 통해 얻은 경험을 바탕으로 자동차를 개발하고 판매하며 오늘에 이르고 있습니다.

그런데 오늘날은 대량생산업체들도 점차 소량생산 및 판매에 나서기 시작했고, 소량 수제자동차생산업체들은 경영난에 허덕이게 되었습니다. 소량생산메이커들의 독무대였던 슈퍼카 시장조차도 이젠 양산자동차메이커들이 넘보는 세상이 되었습니다. 그러다 보니 소량생산을 주로 하는 자동차생산업체들은 자연스럽게 자동차 수리나 복원으로 사업영역을 이동하고 있습니다. 우리나라의 경우는 '카센터'나 '튜닝숍'을 예로 들 수 있습니다.

1. 리스토레이션

너무 낡고 동력도 약해서 잘 굴러가지 않는 중고차를 복원하는 산업(car restoration)은 사실 100년 이상 성장해오고 있는 사업 분야입니다.

이 산업은 점차 발전하여 1930년대의 유선형 차들과 1950~1960년대 자동차의 빈티지 복원사업으로 성업 중입니다. 우리나라도 1970~1980년대 무렵 이 산업이 번창할 수도 있었는데, 대기업 중심의 국가정책은 새 차를 선호하도록 국민 정서를 유도하였고, '오래된 차 고쳐 쓰느니 새 차를 사는 게 낫다'는 게 상식 아닌 상식처럼 여겨졌습니다. 사실 수십 년 이상 사용할 만큼 값어치 있는 국산자동차가 너무 부족한 것도 문제이긴 합니다.

2. 핫로드

자동차 디자인의 종류가 변하는 시기마다 명차들을 수리 차원의 단순 복원이 아닌 오늘날의 기술로 재탄생시키는 소규모 자동차 리모델링 산업도 최근 50여 년 동안 꾸준히 성장했습니다. 리스토레이션 산업은 오래되고 손상된 자동차를 원래대로 복원하는 기술을 바탕으로 하지만, 핫로드는 기왕 부품교체 할 거면 조금 더 신기술로 업그레이드하여 출력을 높이거나 구조를 더 튼튼하게 하는 방향으로 재탄생시키는 분야입니다. 또

한 차의 모양도 오너의 취향으로 리스타일링 합니다. 차를 오래 쓰는 선진국에서는 이미 평범한 개념입니다.

3. 키트카

프레임부터 바디 외형까지 자신이 직접 설계하고 제작하는 경우도 있는데, 그러한 자동차를 파트별로 셀프 어셈블리가 가능한 수준으로 키트화하여 판매하는 키트카 산업도 나름의 성장세를 띠고 있습니다.

키트카와 같은 개인제작 수제 스포츠카는 양산차 인증기준의 성능검사가 필요 없고, 대신 SVA[25]라고 하는 비교적 간편한 검사를 통해 인증 절차를 거칩니다. 키트카는 운전경력과 사고율에 따라 사용할 수 있는 차의 성능과 보험가입조건이 달라지고 자동차 형식승인절차도 도너파트(기성

25) Single vehicle approval: 개인제작차 인증제도. 286페이지에 계속.

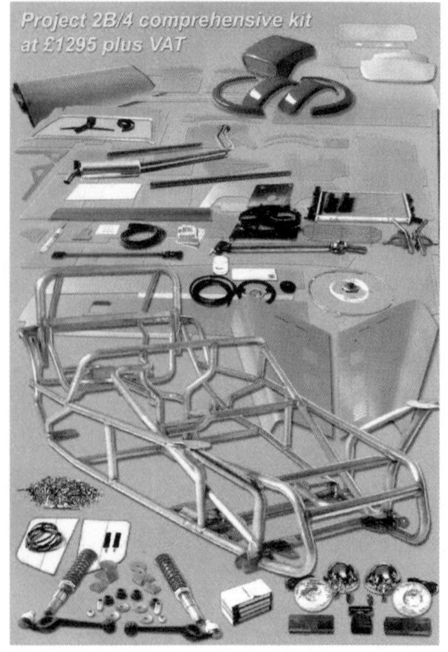

자동차 부품)를 얼마나 썼느냐에 따라 자동차 검사의 세부항목이 결정됩니다. 키트카나 개인제작 자동차들은 자작자동차 등록과 도로주행이 허락되는 나라에 한해서만 사용됩니다.

왼쪽의 전단지는 영국에서 인기 있는 캐터햄 키트카의 한 종류입니다. 상세 스펙을 보면 포드 시에라를 폐차장에서 100lb(15만 원, 폐차)에 구입해 엔진 등 주요 부품을 재생 활용(donor parts)하고, 섀시+바디 조립키트를 1,290lb(192만 원)에 사서 조립하는데, 빤질빤질한 스테인리스 마감재와 디테일 가공과 도장마감까지 된 FRP 파트를 주문하면 200lb(29만 8천 원)가 옵션으로 추가되고, 요코하마 205 타이어와 15in 알로이휠이 300lb(44만 7천 원), 스테인리스 4 : 1 매니폴드와 머플러가 150lb(22만 3천 원), 그리고 기타 자재 구입으로 120lb(18만 원)쯤 들었습니다. 물론 키트카든 자기설계 자동차든 완성차의 성능과 개인적인 취향에 의해 더 비싼 고급 휠타이어와 버킷시트, 스포츠 휠과 멋진 계기판에 독창적인 스타일로 세팅하면 차 만드는 비용은 더 비싸집니다.

키트카의 인기모델 GT40

▲ 대략 5천만 원 내외의 가격으로 거래됩니다.

M600

▲ 약 1억 수천만 원대의 가격으로 조립할 수 있습니다.

하지만 노련한 사람들은 더 저렴한 비용으로 견고한 차를 만들기도 합니다. 백야드 빌더(backyard builder)는 이러한 키트를 사서 조립하거나 직접 설계 및 제작까지 하는 사람들입니다. 우리나라의 도자기 체험 공방이나 가구 만들기 DIY 숍처럼, 해외에는 백야드 빌더 수준까지는 안 되는 사람들을 위한 수제자동차제작 체험 공방이 있습니다. 초보자들에게 금속가공기술이나 용접 그리고 서스펜션 지오메트리에 관한 세팅 교육도 하고 자동차 부품키트를 팔기도 합니다. 키트카는 스펙에 따라 수백만 원짜리에서부터 십수억 원까지 다양합니다. 바디 형상과 엔진블록, 서스펜션, 시트 등 모든 부분이 개인의 취향에 맞게 새로운 컨셉으로 재구성된다면 재미있는 세상이 되지 않을까요? 이러한 상품은 아직 대중화되지는 않았지만, 대기업 완성차 업체가 키트카 시장을 탐낸다는 건…. 장단점이 있을 것 같습니다. 좀 더 지켜봐야겠네요.

4. 레플리카

세계적으로 9백여 개가 넘는 완성 키트카 제작업체들의 디자인은 대부분 라이선스가 만료된 과거의 명차 디자인을 복제하여 제작합니다. 그러한 레플리카들 외에도 진품이 사라졌거나 너무 희귀한 경우 똑같은 자동차를 생산해 판매하기도 합니다. 자동차에 관련된 법이 비교적 덜 까다로운 해외에서 흔히 볼 수 있는 차들인데, 중고차 또는 폐차장 재활용품을 사용해 만들다 보니 품질은 기복이 심합니다. 하지만 자랑스러운 과거의 부귀영화를 오늘에 되살리는 방법으로 백만장자들은 진짜 과거의 골동품을 정교하게 수리하여 새 차 수준으로 재현하거나 신기술로 중무장한 옛 스타일을 창조해내기도 합니다.

자동차 수집가들이나 평론가들이 최상의 가치로 여기는 것은 '오리지날리티'입니다. 미술품 수준의 콜렉션이 아닌, 하나의 상품 자격으로 우리 곁에 존재하는 빈티지하고 중후한 스타일은 때론 클래식이나 앤티크 자동차로 소개되기도 합니다.

국내 자동차 관리법은 순정대로 타지 않는 사람에게는 까다롭게 법적 해석을 적용하고 있습니다. 안전을 이유로 한다기보다 기업 이기주의에 기반을 둔 자동차산업 독점구조 때문입니다. 수제자동차를 만들어 보고자 몇 가지 문의를 하는 과정에서 신차 형식승인 인증절차를 담당한 한 공무원이 제게 했던 말이 아직도 귓가에 맴돕니다.

> "아무 차나 다 승인을 내주면,
> 지금쯤 도로에는 별의별 차들이 다 돌아다닐 겁니다!
> 돈 많으세요? 현대자동차가 신차 하나 형식승인 내는 데
> 얼마나 쓰는지 알기나 하세요?"

개인이 만든 수제자동차가 승인을 받는 게 '하늘의 별 따기' 같은 우리나라와 달리 별의별 차들이 다 돌아다니는 런던이나 뉴욕이 부러울 따름입니다. 우리나라는 공산주의국가도 아니면서 너무 획일화되어 있습니

다. 물론 모든 수제자동차가 도로를 자유롭게 이용할 수는 없습니다. 이유는 '안전'과 '공해'에 관한 문제 때문입니다. 도로는 대중에게 허용된 공공장소이므로 도로에서 한도 이상으로 시끄러운 소리를 내며 달리거나, 배기가스 유해물질이 다량 발생하거나, 차의 제작 상태가 허술하여 주행 중 도로 위에 파편을 날릴 수 있거나, 또는 날카롭게 제작되어 다른 차나 행인에게 위협을 주거나, 시그널램프나 전조등이 도로표준과 달라 다른 운전자들에게 혼란 주는 등의 문제가 있는 차는 도로주행이 제한됩니다. 반면에 정상적으로 만들어져 도로주행에 적합한 수제자동차는 도로를 자유롭게 이용할 수 있습니다. 우리나라 얘기는 아니지만, 전 유럽에서 통용되고 미국이나 호주 등지에서도 인정되는 영국의 SVA(Single Vehicle Approval)라고 하는 자동차 검사제도에서 검사하는 항목들은 자동차가 가져야 할 기본적 기술조건을 명시하고 있습니다. 이는 대량생산 자동차 검사과정처럼 거창한 충돌테스트나 비용이 많이 드는 실험을 요구하지도 않고, 절차상에는 우리나라 자동차 검사소 수준의 안전도 검사를 받습니다. 하나 만들어 하나 파는 구조의 소량생산 또는 개인제작이라고 하는 수제자동차의 현실을 감안하여 충돌 테스트 등 검사준비 비용이 많이 들고 차를 여러 대 파괴해야 하는 검사항목들에 한해서는 비파괴 형식으로 검사하고, 구조가 설계제작 상의 안전규격에 합당한지를 봅니다. SVA의 검사항목은 대략 다음과 같습니다.

1. Doors, their latches and hinges – 문은 견고한가

2. Radio interference suppression – 방해전파 문제는 없는가

3. Protective steering – 조향성은 양호한가

4. Exhaust emission – 배기관 형식규제(촉매장치 등)

5. Smoke emission(diesels only) – 배출가스규제

6. Lamps, reflectors and devices – 등화장치 상태는 양호한가

7. Rear-view mirrors – 백미러 설치상태

8. Anti-theft devices – 도난방지

9. Seat belts – 안전벨트 장치확인

10. Seat belt anchorages – 안전벨트 고정상태

11. Installation of seat belts – 안전벨트 설치상태

12. Brakes – 제동장치 작동확인

13. Noise and silencers – 소음규제

14. Glass: windscreen – 투명창 재료 및 설치상태

15. Seats and their anchorages – 의자와 해당 고정 장치 고정상태

16. Tyres – 규격 타이어(스파이크 금지)

17. Interior fittings – 인테리어 내장재 부착상태

18. External projections – 외장재 안전도 검사

19. Speedometers – 속도계 작동 여부

20. Wiper and washer system – 와이퍼 작동상태

21. Defrosting and demisting system – 서리제거 작동상태

22. Fuel input – 연료주입구

23. Design weights – 설계하중은 도로 규정치 이내인가

24. General vehicle construction – 자동차 구조의 일반사항

25. CO2 emission & fuel consumption – 공해 및 연비 허용치

26. Front impact protection – 전방충돌 안전도

27. Plate for goods vehicles – 번호판의 부착 방법과 위치

28. Side impact protection – 측면충돌 안전도

우선은 개인제작 자동차에 대한 형식승인 발부기준을 명시한 것입니다. 이 기준에 부합되면 차를 어떻게 만들든 자동차 인증이 발부되며, 보험에도 가입할 수 있고, 자기가 만든 자동차를 타고 일반 공도를 비롯해 유럽 전역의 고속도로를 돌아다닐 수 있습니다.

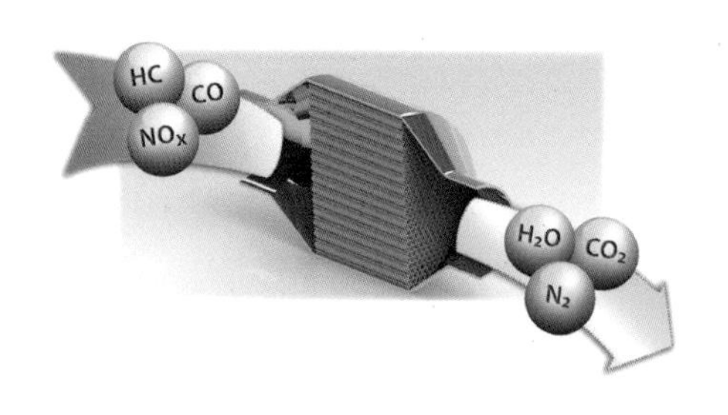

자동차 사업과 공해 문제에 대해서는 다양한 규제가 따르고 있습니다. 특히 내연기관의 배기가스에서는 질소화합물이나 일산화탄소 같은 유해가스가 섞여나오므로 치명적인 부분입니다. 그래서 법적으로 배기라인에 촉매변환장치를 장착하게 되어 있는데, 유해가스들은 이 촉매변환 필터(catalytic converter)를 통과하면서 물이나 이산화탄소로 바뀌게 됩니다. 그런데 효율을 높이기 위해서 격자구조를 아주 촘촘하게 만들게 되는데요, 이렇게 하면 배기저항이 커지면서 출력이 떨어지고 연비가 나빠지는 원인이 되기도 합니다. 대개의 순정자동차들이 느린 이유 중 하나입니다. 그래서 조금 단순하게 튜닝을 한 차들은 내부구조를 듬성듬성 크게 하여 배기저항을 줄입니다. 이렇게 하면 촉매효율이 떨어지고 배기소음은 커지지만 연비와 출력은 높아집니다. 비양심 스포츠 촉매들입니다. 자동차의 속도가 조금 빨라지긴 하지만 시끄럽고 나쁜 공기를 배출하기도 합니다.

얼마 전엔 아우디-폭스바겐의 골프, TT, 벤틀리, A시리즈 등 거의 전 차종이 배기소음 초과 및 검사서류 위조, 엔진 컨트롤 유닛을 통한 연비 조작 프로그램 등으로 전량 인증취소와 판매중지조치를 당했습니다. 개인적으로는 벤츠유저들 중에도 페라리 같은 것을 이겨 보겠다고 촉매를 아예 제거하는 직관작업을 튜닝이라며 차에 손대는 사람들도 있습니다. 그런 것은 튜닝이 아니라 불법개조입니다. 요즘 같은 친환경 시대에 지구를 함께 사용하는 인류로서 남에게 해로운 짓은 안 하는 게 좋습니다. 그래서 등장하는 것들이 프리미엄 카탈리스트(고급 촉매)들입니다. 배기저항은 줄이고 유독가스는 걸러주는 것입니다. 변환물질로는 팔라듐, 로듐, 니켈, 백금 등 다양한 전이금속들을 사용합니다. 대개의 고가 승용차들에 설치된 순정 촉매들도 이런 프리미엄 촉매 못지않게 잘 만들어져 있습니다. 스포츠 촉매에 관한 공학은 성능과 환경 사이에 상반되는 반대급부가 있어 모순된 공학이라 할 수 있습니다. 결국엔 적절한 타협점을 찾는 과정이 필요하지요. 문제는 엔진이 과열되도록 달리거나 불완전연소가스가 배기라인으로 나갈 때 필터가 녹아서 막혀버리는 현상입니다. 예방을 위해선 과속을 삼가고 양질의 연료를 사용하는 게 좋습니다. 불량 휘발유를 넣고 과속을 하면 매연이 발생하며 불완전연소로 인해 다 타지 않은 연료가 촉매에 묻으면서 발화하여 촉매를 빠르게 손상시킵니다. 촉매수명은 보통 8년, 13만 km 내외로 봅니다. 속이 녹지만 않았다면 수명이 다된 것은 분해하여 분진들을 잘 닦아내고 재생품으로 다시 쓸 수도 있긴 합니다. 또는 사고 등의 이유로 일찍 폐차된 차에서 빼낸 것을 쓸 수도 있습니다.

내연기관 자동차들은 매연과 미세먼지 그리고 소음 등의 문제로 미래의 환경에는 더 나은 대체 동력원을 요구하기에 이르렀습니다. 그중 하나의 대안이 전기자동차입니다. 그런데 전기자동차는 과연 친환경 아이템인지 의문이 생깁니다. 전기자동차와 관련하여 우리가 간과하고 있는 것이 하나 있습니다. 우리나라뿐만 아니라 전 세계적으로 도시 외곽에 포진한 화력발전소들, 그리고 그들 대부분이 분진과 유독가스를 대량 방출하는 석탄을 연료로 쓰고 있다는 사실입니다. 물론 원자력발전소나, 풍력, 태양력, 조력 등 갖가지 기술의 다른 발전소들로 대체되고 있지만 아직까지도 대부분의 전기는 석탄을 사용하는 화력발전소가 담당하고 있습니다. 전기자동차는 그런 화력발전소의 전기를 송전선을 통해 전달받아 2차전지에 충전하고, 모터를 돌려 주행하는 장치입니다. 에너지 효율의 진실을 분석해보면, 발전소의 발전 에너지 효율부터가 38% 수준이고, 수십 킬로미터 송전과정에서 오는 송전손실이 거리에 비례하며, 그렇게 전달받은 전기를 2차전지에 충전하는 충전 및 방전효율이 80% 내외, 최종적으로 전기자동차의 전기모터 동력효율이 충전량의 80% 내외인 점을 감안하여 따져보면, 전기자동차는 '친환경'이 아니라 사실상 에너지 효율 10% 수준밖에 안 되는 '환경 악'인 셈입니다. 오히려 화력발전소가 신재생 에너지 발전소로 바뀌기 전까지는 에너지 효율이 40%에 육박하고 있는 내연기관 자동차가 아직은 전기차보다 몇 배는 더 친환경인 것으로 볼 수 있습니다. 그리고 내연기관의 연료를 생물학적 연료로 대체한 바이오연료 자동차는 생태계에 소 한 마리가 호흡하는 것과 같겠습니다. 이산화탄소가 지구온난화의 주범이라는 말에도 억지가 있습니다. 지구의 거의 모든 생명과 사람도 숨을 쉬며 이산화탄소를 방출하지 않습니까? 온실가스의 진범은 수증기 아니었던가요? 과학자들은 온실가스의 지구온난화 기여도를 수증기 72%, 이산화탄소 9%, 메탄 4%, 오존 3%로 발표하고 있습니다. 발전소가 전기를 충전하기 위해 돌리는 발전기의 동력은 원자력이든 석탄이든 석유든 물을 끓여 돌리는 증기터빈에서 얻어지며, 그런 과정에 발생하는 수증기가 끊임없이 방출되고 있다는 점도 간과할 수 없습니다.

화력 발전소 굴뚝

그렇다고 해서 온실가스는 해롭기만 한 걸까요? 아닙니다. 온실가스는 열 차단 효과가 있는 공기층으로서, 지구 대기권에 온실가스가 없으면 태양에 의해 밤낮으로 영상/영하 ±300도를 오르내리는 지옥의 지구가 될 것입니다. 그런 환경이라면 인류도 존재하지 않을 것입니다. 온실가스는 죽음의 가스가 아니고 오히려 생명 가스라고 역설적으로 이야기할 수 있습니다. 물론, 현재 관측되고 있는 지구온난화 현상에 대한 인류적 차원의 반성이나, 인류가 조절할 수 있는 범위에서는 평형을 유지하려는 연구와 대책은 필요합니다. 다만, 산업화와 국가 간의 이익에 연관된 이산화탄소라는 물질만 너무 집중적으로 공격하는 모양이 다분히 정치적이고 순수해 보이지 않는다는 것입니다. 이산화탄소 배출권이 많이 필요한 제조업 주력 국가들과 적게 필요한 서비스 주력 국가 간의 입장 차이가 하루빨리 정리되길 바랄 뿐입니다.

태양열 발전소

수많은 과학자들이 연구한 200여 종이 넘는 대체에너지에 관한 다양한 아이디어 중 태양열 발전소 등 하나씩 사업성이 유리한 순서로 속속 상용화되고 있는 가운데 자동차의 연료 또한 발전소의 전기를 받아 쓰는 수준을 벗어나 바이오디젤이나 바이오에탄올 또는 수소 따위로 대체되는 변화가 가속될 것이고, 2차전지의 혁신으로 인해 전기자동차의 성능과 효율도 결국엔 내연기관 자동차를 능가할 날도 올 것입니다. 우리나라에서는 아직도 친숙한 분야는 아니지만, 이미 오래전부터 국제적으로는 자동차 레이싱도 환경을 위한 대체연료 홍보에 나섰습니다. 르망24시 내구레이싱이나 인디 500은 바이오 연료를 쓰고 있으며, 포뮬라 E라고 하는 전기차 레이싱 카테고리도 새로 생겨났고, 전기와 내연기관 하이브리드 시스템은 이미 기본이 되어 있습니다.

바이오에탄올의 원료농업이 대규모로 발달한 브라질은 세계적으로 바이오에탄올 차량운행비율이 높기로 유명합니다. 드넓은 농토를 지닌 중국도 브라질의 규모를 능가하는 바이오연료 농장을 추진 중이기도 합니다. 뿐만 아니라 자동차 왕국인 미국도 이제는 휘발유 자동차를 바이오에탄올 자동차로 교체하려는 적극적인 움직임이 있습니다. 오로지 전기자동차만이 미래연료의 유일한 대안은 아닙니다. 아마도 바이오 연료든 전기자동차든 미래의 새로운 동력의 자동차에 대한 세금징수절차와 비율이

현재의 세금수익 수준을 달성하는 계산이 나온다면 새로운 동력의 교체는 신속하게 진행될 것입니다. 그러나 현재로썬 미래에 대한 희망을 안고 사는 몇몇 기업에 의해서 개발이 진행되고 있는 분야죠. 국가마다 세금소득 시스템들이야 어찌 되었든, 앞으로 화석연료의 사용은 줄어들고 연료를 땅 위에서 재배하는 연료 농업도 발달할 것이고, 전기 외에 다른 동력원도 발달할 것이며 자동차에 대한 환경 규제는 더욱 치밀해질 것입니다.

아울러 자동차와 관련된 안전규제 또한 점점 더 정교해질 것입니다. 1920년대 전투기에는 안전벨트의 필요성이 강조되었습니다. 오픈콕핏에 앉아 공중전을 벌이다 사람이 떨어져 사망하는 사고가 잦았기 때문입니다. 안전벨트는 자동차보다 비행기에서 먼저 필수장치로 개발되었습니다.

전쟁 후 비행기 메이커에서 출발한 스웨덴의 자동차산업은 안전벨트를 승용차에도 꼭 필요한 것으로 인식하고 기존의 비행기용 안전벨트보다 간편하게 사용할 수 있는 3점식 안전벨트를 고안했었습니다. 볼보자동차의 대각선 로고는 이를 상징적으로 표현한 심벌이기도 했지요. 3점식 안전벨트는 전 세계의 모든 자동차가 기본으로 장착하여 출고합니다. 안전벨트뿐만 아니라 보행자 안전을 위해서 자동차 형상 디자인에도 많은 제한이 따르고 있듯 시스템의 한 부분으로서의 자동차는 함부로 만들 수 있는 게 아닙니다. 자동차 유리를 예로 들어 설명하면, 1920년대까지 자동차 유리는 일반 강화유리였습니다. 그러나 일반 강화유리는 충돌 시 파편이 튀고 날카롭게 쪼개져 승객의 목숨을 위협하는 흉기로 돌변하기 때문에, '유리'라는 재료는 사실상 처음부터 자동차에 대한 사용이 문제되어 왔었습니다. 그래서 1920년대 이후 오늘날까지 자동차용 강화유리는 깨질 경우 잘게 박살 나도록 열처리하는 것을 의무화하기 시작했습니다. 특히 앞 유리는 인체의 손상을 최소화하기 위해 의무적으로 합판유리[26]를 사용하도

---

26) 합판유리(laminated glass)는 외피의 하드코팅과 내부의 강화 열처리 글라스 사이에 PET나 PC, 또는 PVB를 적층하는 구조입니다. 이 같은 인장력 및 탄성이 좋은 복합분자 물질을 유리와 함께 라미네이팅하면, 강한 충격이 가해졌을 때 유리가 잘게 부서지기 때문에 인체의 손상을 완화할 수 있습니다.

록 법제화되어 있습니다.

자동차는 시스템의 한 유닛에 불과하며 시스템은 도로라고 하는 인프라를 통해 인류의 생활을 윤택하게 해주고 있습니다. 그러한 자동차를 사람들은 운송수단 또는 놀이기구로 사용하고 있고 자동차 제조업은 사람들이 요구하는 종류의 자동차를 공급하고 있습니다. 그리고 공급 업체가 많아지면서 서로의 품질경쟁과 다양한 판매 전략이 행해지고 있습니다.

루이비통 가방이 귀족의 여행 가방으로 마켓 포지셔닝 하면서 유명해졌고, 브라이틀링 시계가 시간을 철저하게 관리하는 비행사들의 장비로 소비자들 앞에 이미지를 구축했듯 메이커와 귀족들의 자존심 대결로 시작된 각종 자동차관련 스포츠 이벤트는 자동차 기술과 문화적 트렌드를 선도하고 있습니다.

포뮬러원의 KERS[27]는 경주에서 조금이라도 더 빨리 달리기 위한 기술이었지만, 실생활에 사용되는 승용차에는 에너지 재활용 시스템으로 발달하여 대중화되었고, DRS[28] 시스템은 공기저항과 다운포스의 딜레마에서 선택적으로 날개를 움직이게 하는 시스템으로 발달했습니다. 자동차 산업과 스포츠 마케팅은 불가분의 관계입니다. 자동차 역사에서 프랑스

---

27) Kinetic Energy Recovery System(본문 125페이지 참조).

28) Drag Reduction System. 가변익 다운포스윙.

의 ‘르망 24시’ 내구 레이스나, 미국의 ‘나스카’ 전미 순회 레이스, 그리고 포뮬라 레이싱의 지존 ‘F1’의 효과는 대단했습니다. 특히 스포츠 마케팅에 힘입어 F1엔진은 자동차 엔진기술의 트렌드 리더로 자리 잡은 지 오래입니다. 포뮬러원의 1년 주행거리를 단 하루 만에 달리는 경기, 르망 24시 GT 레이싱도 연례행사로서 자동차가 달리기 좋은 계절인 오뉴월에 개최되며, 오후에 시작하여 다음 날 오후까지 24시간을 달리는 자동차 경주입니다. 밤낮으로 온종일 차가 퍼지지 않게 최대의 속도로 가장 먼 거리를 달린 차가 우승하는 방식이죠. 근래의 최고 기록은 1910년 아우디팀이 하루 만에 5,400km를 넘게 달린 건데, 운전은 몇 명이 교대하든 제한은 없지만 보통 베테랑 드라이버 2~3인이 교대로 탑니다. 르망 24시 레이싱에는 다양한 규정이 있는데, 자동차뿐만 아니라 서킷 디자인에도 여러 가지 규칙들이 발전해왔습니다. 또한 르망레이싱 자동차와 서킷규정은 오늘날의 고속도로 설계와 자동차 디자인에도 체계적으로 반영되어왔습니다.

오늘날 GT 레이싱의 어원인 그랜드투어링은 사실 중세시대를 전후하여 유럽의 상류층 젊은이들이 식견을 넓히기 위하여 세상을 탐방하거나, 역사의 기록을 순례하거나, 뭔가를 배우거나 깨닫기 위해 떠나는 장거리 여행이었습니다. 그 밖에 교역이나 정치적 목적의 장거리 여행길도 있었죠. 한창 철도가 깔리고 교통수단이 발달하기 시작하던 1800년대에는 여행 지역이 매우 넓어지기 시작했고, 때로는 범선으로 갈아타기도 하고, 마차를 얻어타거나 험준한 골짜기를 걷기도 했지요. 그리고 요사이는 다양한 그랜드 투어링대회(페스티벌)가 개최되면서, 젊은이들이 최신 고성능 슈퍼카를 타고 유럽 일주를 하기도 합니다. 투어링 지역은 꼭 유럽뿐만 아니라 미국 횡단, 캐나다에서 미국까지 대륙 종단 등 여행 지역이 더 이상 유럽에 국한되지도 않습니다. 개인이나 단체에서는 비정기적으로 유라시아 대륙횡단 드라이빙을 하기도 합니다. 다카르 랠리도 오프로드 그랜드 투어링의 한 종류입니다. 서킷 안에서만 달리는 자동차 경기에서도 장거리 경기를 GT 레이싱이라고 따로 분류하기도 합니다. 자동차의 역사 초기의 GT 레이싱은 몇 개의 도시를 지나 멀고 먼 시골길들을 꼭두새벽부터 밤까지 달리는 경기를 했었는데, 요즘은 안전을 이유로 이런 레이싱은 모두 서킷으로 옮겨졌고, 상징적 의미의 카퍼레이드나 일부 제한된 지역 내에서 페스티벌 형태로 진행되는 하나의 이벤트로 축소되었습니다.

그랜드 투어링은 아니지만 전 세계의 온/오프로드 도로가 포함된 구간들을 짧게 달리면서 연간 통합기록을 겨루는 WRC나, 세계 곳곳의 서킷들을 순회하며 경기하는 WTCC 등 세계의 자동차 경주는 다양하며 그로 인한 마케팅 효과도 큽니다. 다만 우리나라에서만큼은 모터스포츠가 대중화되는데 눈에 보이지 않는 장벽에 가로막혀 있습니다. 사회적 인식과 자동차 관련 법규들이 우리나라의 자동차 스포츠 마케팅을 활성화하는 데에 부정적으로 작용하고 있습니다.

자동차산업에는 재료와 가공방법에 관한 기술의 발달 또한 소재마케팅에 활용되는데요, 흔히 낚시나 자전거, 카메라 등 스포츠용품이나 전문용품의 마케팅에 있어서 소재 이름을 이용하여 제품을 비싸게 파는 것이 이에 해당합니다. 티타늄, 마그네슘, 플래티늄, 그라파이트, 카본 등 일단 발음에서부터 묘한 포스를 내뿜는 소재 마케팅은 오랜 세월 나름대로 강세를 유지해왔습니다. 이런 재료들은 일단 원가가 비싸다는 점에서 일종의 심리적 만족감을 충족시키기도 합니다. 같은 반지라도 구리반지보다 금반지가 더 비싸고 유리 목걸이보다 다이아몬드 목걸이가 더 비싼 논리입니다. 그러나 기능적으로 보면 금반지나 다이아몬드가 구리나 유리보다는 더 광택이 좋고 외부조건에 대한 변화도 적습니다. 마찬가지로 비싸게 파는 소재들을 이용한 제품은 그만한 장점이 있습니다.

20여 년 전 미국 해병대용 오스프리기의 개발이 완성단계에 있을 무렵 로터 블레이드용으로도 활용했었던 그라파이트 섬유 응용 복합소재는 어찌 보면 카본파이버의 상위 개념으로 받아들일 수도, 또는 전혀 다른 개념의 소재로 받아들일 수도 있는 나름대로 비틀림과 충격, 온도 등 다양한 조건에 강한 소재였고, 특수 분야에는 이미 오래전부터 활용되고 있던

그래파이트컬러
▲ 부품파트에 그래파이트컬러를 도장

티타늄 벨트 하네스
▲ 표면경도가 좋아 내구성 우수

소재입니다. 그러나 성형 비용과 기술적 한계로 인해 아직 널리 상용화되진 않았는데요, 그러다 보니 컬러만이라도 그래파이트를 써서 첨단 기술력의 상징으로 활용하곤 합니다.

자동차의 부품소재로는 카본섬유나, 방탄소재인 케블라섬유, 심지어 티타늄이나 마그네슘 등의 고가 소재도 특수목적으로 사용하기 시작했습니다. 그러나 자동차의 소재로 오늘날 가장 많이 사용되는 소재는 알루미늄입니다. 바디나 섀시프레임뿐만 아니라 서스펜션기구물 중 로어 암이나 너클, 심지어 브레이크 캘리퍼와 엔진블록이나 기어박스 케이스도 알루미늄으로 대체되고 있습니다. 그러면 왜 알루미늄일까요? 그 원인은 성형기술과 제작단가에 있습니다. 물론 과거엔 알루미늄을 잘 다룰 줄 몰랐기 때문에 알루미늄을 억지로 자동차에 적용하면 그 차는 매우 비싼 차가 되고 말았죠. 그러나 주조 성형이 스틸보다 용이했던 알루미늄은 자동차 휠부터 대체 되었는데요, 알로이 휠은 스틸 휠보다 오히려 더 비싸게 거

알로이 합금휠
▲ 항공기용 재료를 응용

카본 쎄라믹 디스크
▲ 고열에 강하고 변형이 적음

래되었습니다. 비중이 철보다 가벼워서 현가하중량을 낮춰 자동차의 승차감과 운동성을 대폭 개선했습니다. 그리고 휠을 비롯하여 자동차를 구성하는 주조 및 단조 성형물들부터 스틸을 알루미늄으로 대체하는 만큼 자동차 가격은 비싸졌습니다. 그러나 사실 알루미늄은 그리 비싼 재료가 아닙니다. 그래서 알루미늄에는 이윤이 더 많이 남는 기술적 배경이 숨어 있습니다. 게다가 무게 성능 면에서 자동차중량을 전반적으로 가볍게 할 수 있었기 때문에 같은 엔진으로도 더 잘나가는 자동차가 되기까지 했습니다. 원가부담이 커지는 것도 아닌데 더 비싸게 팔 수 있고 성능도 개선된다면 메이커는 알루미늄을 마다할 이유가 없습니다. 물론 알로이 합금 중 70계열의 스틸강에 버금가는 강성을 가지고 비중은 스틸의 반도 안 되는 듀랄루민도 가공 및 성형방법이 발달하여 더욱 범용화되고 있습니다. 항공우주 공학에 활용되던 특수합금 및 각종 복합소재들이 자동차의 소재로 널리 적용되고 있습니다.

복합소재 중에서 가장 널리 사용되는 소재는 유리섬유 복합소재인데, 우리나라에는 FRP(Fiberglass Reinforced Plastic)로 알려져 있고 일부 GRP(Glass Reinforced Plastic)로도 통하는 유리섬유강화 플라스틱은 1950~1960년대 대부분의 스포츠카에는 '완벽한' 재료였습니다. 이것은 금속보다 강하고 알루미늄보다 가벼운 데다가 성형이 쉽고 녹에 대한 염려도 없었으니까요. 더군다나 재료가격도 저렴해 소량생산에도 가격 경쟁력을 유지할 수 있었습니다. 그러나 단점도 몇 가지 있는데, 성형품에 대한 치수 오차가 커서 이음새가 제대로 맞물리지 않고 미려한 표

콜벳 스팅레이 ▲ FRP 소재

면을 얻기가 어렵다는 점입니다. 따라서 유리섬유강화 플라스틱은 완성도 높은 자동차를 생산하기에는 곤란한 문제로 인해 알루미늄이나 기타 합금을 이용한 자동차에 비해 "plastic car"라는 식의 저급품 취급을 받아왔습니다. 왜냐하면 1970년대 플라스틱 제품은 자동차를 비롯한 거의 모든 산업에 기하급수적으로 활용되었고 쉽고 빠르게 만드는 기술의 대명사로 자리 잡았기 때문입니다. 게다가 생산량이 많다 보니 싸구려나 불량품들도 많았습니다. 비록 FRP성형 기술이 발달하여 오늘날에는 고압 프레스성형이나 고압오토클레이브 등 여러 가지 품질향상 기법과 설비가 도입되긴 하지만, 수십 년간 쌓여온 "플라스틱 자동차 = 싸구려 저급 차"라는 선입관을 없애기에는 이미 늦었던 것입니다. 그래도 비교적 성공적인 FRP 자동차의 사례는 TVR이나 콜벳, 로터스 등의 스포츠카들을 들 수 있습니다. FRP는 나름대로 장단점이 있지만, 결과적으로 소량생산 저비용 스포츠카에게는 더 이상 다른 재료를 고를 여지도 없이 딱 들어맞는 재료였는데요, 1950년대부터 여러 스포츠카 제작사들은 이 재료를 이용한 자동차 생산을 시도해왔고 저비용 고효율 자동차를 생산하기에 이르렀습니다. 오늘날에도 FRP 자동차는 쇠파이프 스페이스 프레임이나 스틸백본프레임 또는 알루미늄 프레임과 함께 조립되어 완성도를 더욱 높이고 있습니다. FRP보다 한 단계 상위의 재료로서 카본파이버 플라스틱(C-FRP: Carbon Fiber Reinforced Plastic(탄소섬유강화플라스틱))은 가벼운 중량대비 강한 강성 효과로 인해 복합소재 항공기에 폭넓게 사용되어온 재료입니다. 그리고 카본 파이버는 자동차산업에 그 활용도가 점점 커지고 있습니다. 추가적으로 케블라섬유 강화 플라스틱은 특별한 스포츠카의 버킷시트나 조종석을 감싸는 터브 등에도 활용되는 우수한 재료입니다. 카본파이버의 성형을 위해서는 오토클레이브에서 90psi의 압력으로 120℃에서 3시간 동안 쪄내는 과정을 거쳐야만 겹겹이 적층된 탄소섬유들과 플라스틱 수지가 서로 잘 엉겨 붙어 좋은 품질의 결과물을 얻을 수 있습니다. 오트클레이브 시설이 없는 대부분의 영세한 공장에서 무분별하게 대기압과 상온을 이용한 핸드레이업 방식의 카본파이버플라스틱의 떨어지는 품질로 인해 문제가 야기되고 있기도 합니다.

우리나라 장터에서는 주로 산나물이나, 먹거리, 신발, 옷가지 등을 판매합니다. 그런데 해외에서는 자동차 부품을 사고 파는 시장이 자주 섭니

다. 우리나라의 5일장처럼 며칠씩 지방 중/소도시마다 수제자동차 이벤트를 열고 자동차 오너들과 부품 상인들이 만나기도 합니다. 영국은 1970년대를 통해 무너져버린 영국경제를 살리기 위해 대처 수상 시절부터 요람에서 무덤까지 마냥 퍼주는 공공정책보다는 개인과 민간에 의한 자율 회생 정책을 추진했고, 다양한 노력으로 1980년대부터 영국경제가 되살아나기 시작했는데요, 자동차산업에서는 이때 등장한 아이디어가 '콤포넌트카 산업육성'이었습니다. 당시 대기업들이 줄줄이 도산했던 영국에서만큼은 이미 자동차가 양산자동차메이커의 전유물이 아니었던 것입니다. 그리고 마치 아이들이 조립식 키트로 장난감을 만들어 놀듯 어른들은

1 : 1 풀스케일 장난감자동차를 만들어 쓰고 있었는데, 영국은 그러한 활동을 더욱 규제 완화하고 산업화하였습니다. 그리고 그로부터 수십 년째 영국은 자동차산업의 새로운 미래인 다양화와 개인화 그리고 자율성이라는 패러다임을 준비해오고 있습니다. 영국의 자동차 부품 산업은 아이디어가 없어서 차를 못 만들뿐 부품이 없어서 차를 못 만들지는 않는다고 말할 만큼 다양하고 저변도 넓습니다. 경우에 따라서는 기성품 자동차를 통째로 가져다가 자신이 원하는 자동차로 개조하기도 합니다. 이러한 개인제작 자동차는 영국뿐만 아니라 독일, 이탈리아, 스웨덴 등 전 유럽에 고루 퍼져 있습니다.

노블 M12 GTO ▲ 국산 소나타 램프 활용 사례

스트라토스 ▲ 페라리 F430의 섀시와 부품들을 통째로 재활용한 사례

이러한 소규모 자동차제작자들은 부품을 수급할 때 기성품 양산차의 대량생산 부품을 활용하는데, 이것을 도너파트라고 부릅니다. 대량생산 산업에서 기증받았다는 의미입니다. 수제자동차 비즈니스에서 거래되는 부품은 대부분 기존의 양산자동차 부품이거나, 튜닝 리플레이스 용품들입니다. 예를 들어 영세한 자동차제작자가 콤비네이션램프를 자체개발한다는 건 배보다 배꼽이 더 커지는 상황이 될 것입니다. 그래서 그들은 양산자동차 부품을 도너파트로 활용하는 방법을 씁니다. 물론 섀시와 바디는 자신의 디자인으로 제작하죠. 당연히 섀시구조는 스페이스프레임이 주류고 바디는 FRP나 CFRP가 주류입니다.

우리나라에서도 수제자동차 사업이 가능합니다.[29] 다만, 단 한 대만 만들어도 검사 인증 및 판매까지 가능한 미국이나 영국보다 더 많은 조건과 경제적 부담이 따를 뿐입니다. 우리나라에서 개인사업자나 중소기업이 자동차를 만들어 판다는 건 거의 수제자동차 사업을 하지 못하도록 차단해 놓은 게 아닌지 의심스러울 정도로 어렵습니다. 뭐가 어떻게 어려운지 하나씩 살펴보겠습니다.

① 건설교통부에 자동차 제작업으로 업체등록을 해야 합니다. 이때 건설교통부에서는 메이커 스스로 자동차의 품질을 인증할 능력이 있는지를 검토한 후, 자기인증 능력이 있는 자동차제작사 또는 자기인증 능력이 없는 자동차제작사 중 하나로 구분하여 자동차제작사 등록을 허가합니다.

② 비용부담과 대량생산 대량유통 능력의 한계로 인해 자기인증 능력까지 갖출 수 없는(또는 비용, 효율 면에서 그렇게까지 할 필요가 없는) 수제자동차메이커들은 스스로 차를 만들어야 하고, 그 차가 상품으로서 거래가 될 수 있고, 도로 위를 합법적으로 달릴 수 있는 자동차인지 아닌지를 인증하는 절차는 자동차 성능검사연구소 같은 자동차성능시험 대행자로부터 각종 성능시험에 적합/부적합 여부

29) 2014년 8월 무렵 기존의 특장차 사업과 유사한 프레임의 소량 제작 자동차 인증제도가 만들어졌습니다.

를 검사받아야 합니다. 그런데 문제는 우리나라에서 실시하는 자동차 성능검사 기준이라는 게 기준 자동차 한 대 만들어 요모조모 찍어가며 비파괴 검사하는 방식의 서양 선진국의 수제자동차 검사항목이나 방법과 달리 검사절차를 진행하는 과정에 검사용 차량을 검사항목마다 한 대씩 파괴검사 하는 양산자동차 체계를 적용하기 때문에 자동차 형식승인 검사 비용이 많이 듭니다.

③ 이유는 우리나라의 자동차성능검사 기준에는 아직 양산차를 기준으로 한 검사항목뿐이고 소량생산하는 수제자동차산업을 고려한 검사기준이나 시행방법은 입법예고 및 시행초기 상태라 매우 미흡한 실정이기 때문입니다. 그래서 한국에서는 소규모 영세 수제자동차메이커라 하더라도 그것을 사업화하려면 양산차 검사항목을 두루 통과해야 합니다. 이 경우 관계자의 말에 의하면 36개 이상 항목 9대 이상의 파괴실험을 거쳐야 하는데, 검사 자체 비용은 그리 많지 않더라도 검사받아야 하는 차들을 항목별로 만들어야 하므로 사실상 웬만한 수제자동차 공장 여러 개를 설립할 만큼 비용이 듭니다. 국산 수제스포츠카 1호라 할 수 있는 어울림 모터스의 '스피라'는 그러한 양산자동차 인증절차를 모두 거쳤던 사례입니다. 그러나 제아무리 미국이나 영국이라 해도 수제자동차산업에 양산차 규정을 적용한다면 살아남을 수제자동차메이커는 거의 없을 것입니다.

– 해외의 경우 몇몇 초대형 럭셔리 수제자동차회사를 제외하고 대부분의 수제자동차회사의 규모나 경제적 형편은 우리나라의 보통 '자

동차 정비 공업사' 수준입니다.

- 얼마 전 신설된 소량제작차 인증제도는 이미 수십 년간 특장차 베이스로 존재해오던 법의 제목이 바뀐 정도입니다. 특장차에서 승용차로 범위만 확대했을 뿐, 승용차 분야에까지 구체적인 시행령이나 규칙이 아직 만들어지지는 않은 상황입니다. 그럴 땐 합리적 이성보다는 공무원의 인식이 법의 효력을 갖게 됩니다.
- 한국의 자동차 시장에서 거래되고 있는 슈퍼카들은 소량생산 자동차지만 양산차 인증을 다 받은 차들인데요, 한국에서는 기본적으로 모델이나 차종에 상관없이 성능, 안전검사 인증을 받지 않은 차는 공도 주행용으로 허가될 수 없습니다.

④ 한 수제자동차메이커가 겨우 비용을 마련해 하나의 자동차 모델이 성능검사에 통과했다고 가정해보겠습니다. 그러면 해당 차에 대한 제원통보가 정부전산망에 입력되고 이때부터는 안전검사를 통과해야 하는데 검사기준은 이번에도 또 당연히 양산차 기준일 수밖에 없습니다.

⑤ 이번에는 대출까지 받아가며 안전검사에 통과했다면, 이젠 정부전산망에 입력된 제원을 기준으로 판매 및 등록 절차를 거쳐야 합니다. 이때부터 그 수제자동차에는 정기검사와 세금이 부과되기 시작합니다. 그런데, 문제는 언제라도 자기인증적합조사와 안전도 결함조사를 통해 시정명령을 받을 수 있다는 점을 항상 고려해야 합니다.

⑥ 어렵게나마 한두 대 팔기 시작해서 그 수제자동차메이커에 희망이 보일 때쯤, 차주가 직접 차를 고쳐 쓰는 인식이 거의 없고, 사후관리 A/S가 제대로 이루어져야 하는 우리나라의 현실 속에서 여기저기서 부품이 없다는 둥, 사고가 났는데 메이커 책임이라는 등의 항의가 시작될 수도 있습니다.

위의 상황은 우리나라의 현실에서 수제자동차 사업을 시작할 경우 예견될 가상시나리오입니다. 또한 산업의 주도권을 쥐고 있는 대기업 자동차메이커 입장에서는 중소기업 수제자동차메이커들과 산업을 나눠 가진다는 것은 바라지 않을 것이고, 현실적으로는 자기 밥그릇 뺏기는 거라서 어떤 식으로든 방해공작을 한다는 시나리오가 위의 가상시나리오에 추가됩니다. 정치권과 끈끈한 유대관계를 가진 대기업의 방해쯤이야 어떻게든 극복하며 싸워나간다 해도, 수제자동차에 대한 인식이 전혀 없다시피 한 국민 정서로 인해 소규모 공장에서 만든 자동차는 위험한 물건이나 불량품 취급을 받으며 시장에 진출하기도 힘들 것입니다. 그러나 이런 환경에도 불구하고 수제자동차 사업을 하려면 다른 길을 찾아야겠죠. 그 다른 길은 눈을 해외로 돌려 수출형 수제자동차를 만들고 영국이나 미국, 호주 등의 간편(비교적)한 수제자동차 검사에 통과해서 그들 나라만 상대로 수출만 하는 겁니다. 물론 이 또한 국적 차별이나 인종 차별도 가세할 수 있습니다.

또 다른 방법은 1년에 수십 대 정도를 판매하는 소규모 회사가 아니라,

그야말로 한 대 만들어 한 대 판매하는 예술품으로 접근하는 길도 있겠습니다. 해외에는 자동차를 예술품으로 바라보는 시선이 상당히 많습니다. 또한 이런 공예품(?)으로서의 자동차 전시회와 경연대회도 여럿 있습니다. 거기에 출품해서 수상하는 것도 현지에 수제자동차 사업을 일으키는 첫발이 될 수 있습니다.

생산예술

현재의 인더스트리 4.0의 추세는 지능화 단계를 넘어 미래의 생산 체계는 고도의 혼류 생산이 가능하게 만들 것입니다. 지금도 물론 다양해지는 시장의 니즈에 맞게 양산 라인에서도 조금씩 다른 모델을 생산하는 혼류 생산은 구현되고 있지만 더 세분화되는 것입니다. 과거 팝아트 예술가 앤디 워홀이 실크스크린이라는 대량 인쇄 기법으로 예술 작품을 했던 풍자적 아이러니는 이제 실제가 되는 셈입니다.

기아자동차 리오를 베이스로 하여 파워 트레인과 드라이브 트레인을 모두 개조했던 TR01 프로젝트 공개회 때 찾아온 손님들에게 이 튜닝카를 예술 작품으로 설명할 수는 없었습니다. 물론 예술 작품을 의도했던 것도 아니고 하나의 교보재였기 때문에 재료가 뭔지, 제작 방법은 어떠했는지, 돈은 얼마나 들었는지, 엔진, 서스펜션, 브레이크 등 자기만의 자동차를 만들고 싶어 하는 젊은이들을 위한 하나의 사례에 불과했죠. 디자인과 예술의 절대적 차이점을 하나 발견한다면, 하나는 생산이고 다른 하나는 작품 활동이라는 차이가 있습니다. 디자인은 생산(복제품을 대량 또는 소량으로 꾸준히 만들어 낼 수 있는)이라는 제조업의 한 과정을 통해 소비자를 향한 경영상의 컨셉이라는 게 반영되고 예술은 예술가의 작업이라는 노동을 통해 작가의 예술관이 표출되는 것입니다.

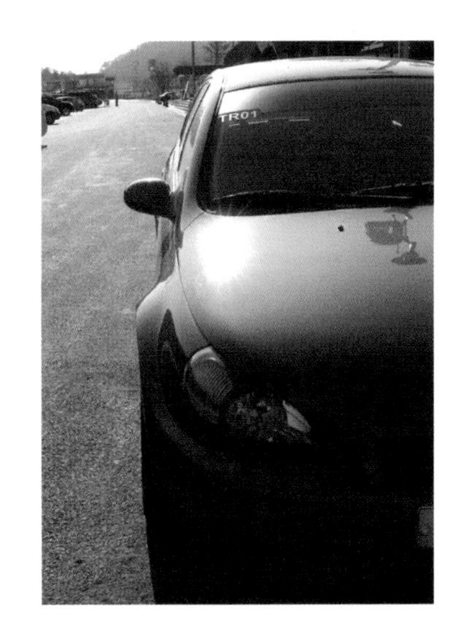

그러나 이 자동차는 예술가의 작업으로서가 아니고 양산 시스템과 수리 및 개조업자들 수준에서 만들어진 부품과 노동의 단순 조합으로 볼 수도 있습니다.

BMW는 근래에 세계적으로 유명한 예술작가들, 특히 팝아트의 거장들이 자사 모델의 자동차 표면에 그림을 그리게 했죠. 그 작가들이 자청했든, 대가를 받았든, BMW가 왜 이런 결과물들을 만들어 화랑에 전시하는가를 생각해볼 때, 우리는 어떠한 목적성을 엿볼 수 있습니다. 앤디 워홀은 자동차 페인팅하는 장면도 공개했었는데, 광낸 구두에 BMW 마크

앤디 워홀 ▲광낸 구두를 신고 말끔한 작업복에 장갑까지 꼈습니다.

를 단 깨끗한 작업복까지 입고 몸엔 물감 한 방울도 안 묻힌 채 작업 장갑을 끼고 붓을 들었습니다. 오늘날 제품 제작 공장들이 수술실이나 실험실처럼 깨끗한 클린룸화 되어가는 현실을 풍자하기라도 하는 듯 보입니다. 팝아트는 근본적으로 예술의 해석을 양산시스템의 산물에까지 접근하고 있기 때문에 공장에서 생산되는 양산자동차의 바디를 화가의 캔버스처럼 활용할 수도 있다고 볼 수 있는데요, 그러나 이것이 한 기업의 예술에 대한 사회문화적 순수 문화 활동에 그치는 것이 아니라면 그 값어치를 돈으로 매겨서 평가하는 세상에 새로운 아이러니를 제공하는 것입니다. BMW는 앤디 워홀 외에도 프랭크 스텔라, 로이 리히텐슈타인, 로버트 루

앤디 워홀 ▲ BMW M1 페인팅(1979년)

제프쿤스 ▲ BMW M3 페인팅(2010년)

첸버그, 알렉산더 칼더 등 현대 팝아트 분야 유명작가들의 페인팅을 자사 모델에 입히고 있습니다.

자동차 표면에 입히는 페인팅 기술은 아메리칸 핫로드에서는 각종 불꽃문양과 줄무늬 등으로도 유행합니다. 레이싱 대회의 체커기를 상징적으로 그리기도 하고요. 예술 작품의 범위를 구태여 예술가로 이름난 사람들뿐만 아니라 누구라도 자신의 주관적 세계관으로 자동차의 표면에 새기는 그래픽이든 형상이든 자동차는 이제 하나의 아트 오브제가 되어 있습니다. 물론, 도로에서 타 운전자에게 혐오감을 준다거나 불필요한 집중을 유발하는 것은 오히려 교통사고 유발의 위험이 있고 공공질서를 파괴하므로, 도덕적인 유저의 자세도 아니죠. 과거엔 앤디 워홀 같은 예술가들이 자신의 작업장을 지칭할 때 '팩토리'라는 말을 썼다면 이젠 공장들이 자신의 작업장을 '아틀리에'라고 부르는 세상입니다. 조각가나 화가의 미술도구들 대신 디지타이저와 CAD 응용 프로그램으로 컴퓨터응용 조

각기를 활용하는 방법의 차이만 있을 뿐 공장의 설계자들과 작업자들도 나름의 예술 작품을 만들고 있습니다. 그리고 작품의 크기가 커지면 예술가들도 여러 명의 조수를 부리듯 다기능 로봇을 조수로 고용하는 미래는 벌써 현실이 되어 있습니다. 부가티 베이론의 제작현장이나 맥라렌 하이퍼카들의 제작현장이 그런 셈이지요. 한 사람의 예술이 아닌 기업이라는 형태의 법인이 행하는 단체예술 작업장입니다. 그들의 티끌 하나 없는 깨끗한 바닥과 말끔하게 정돈된 공장 환경은 공상과학 영화의 스튜디오 같은 생각마저 듭니다. 그리고 일반 대량생산 자동차회사들도 대규모 아틀리에화 하는 계획을 추진 중이기도 합니다.

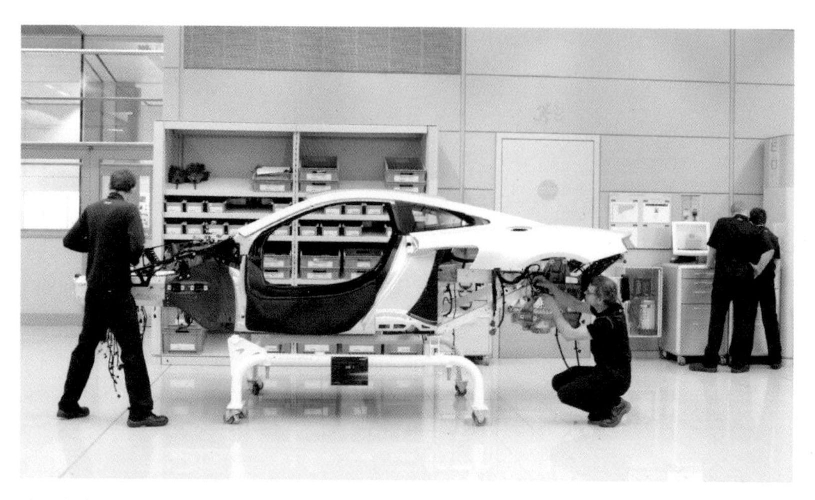

자동차 아틀리에 ▲ 맥레렌 생산 공장

인더스트리 5.0은 시간의 축으로 볼 때 포커스가 미래에 맞춰져 있다는 점은 4.0과 동일합니다. 그러나 우리가 생각하는 미래에는 사람이 우선으로 존재합니다. 사물이나 기술은 목적이 아니라 방법일 뿐입니다. 인본주의적 회귀인데, 인더스트리 4.0까지는 자동화와 합리화를 추구하면서 사람을 배제하는 기술에 집중했지요. 아인슈타인의 경고처럼 기술의 발달속도가 인성의 진화속도보다 빨랐던 것입니다. 너무 생산성과 돈만 추구한 물질주의를 유지하기보다는 새 시대로의 변화의 기점에서 과연 무엇을 위한 산업화였는지를 반성하는 산업의 인간성 회복이 인더스트리 5.0의 기조가 된다는 것입니다. 기술이야 계속 발달하는 것이고 필요할 때 필요한 기술을 쓰면 되는 거 아니겠습니까. 쓰고 싶은 신기술이 있으니 사람이 좀 희생을 해서라도 기술을 먼저 쓰면서 똑똑한 걸 자랑하는 게 목적일 수는 없는 거니까요.

세계 자동차산업의 리더 역할을 해온 독일의 경우 더 이상 차만 파는 게 아니라 자국의 자동차 제조기술과 부품도 해외에 수출해왔습니다. 그러다 보니 알게 모르게 우리의 산업에도 독일의 제조기술과 노하우들이 유입되었습니다. 일본 또한 독일 못지않게 자동차산업이 발달했는데, F1으로 기술력을 인정받았던 혼다 엔진이나 다양한 자국 내 중 · 소규모 레이싱 대회로 다져진 일본의 내공도 큰 성장을 이루었습니다. 독일 차들이 비싸지만 좋은 차라고 한다면 일본차들 중엔 싸고 좋은 차들이 많습니다. 그러나 우리나라는 세상에 있었는지도 잘 모르는 기아의 리오를 베이스

로 한 '실루엣 글레이스'나, 최근 현대의 i20을 베이스로 한 'WRC 레이스카'를 내세워 봤자 그걸 기아나 현대의 기술이라고 믿지는 않습니다. 전부 해외의 레이싱팀에서 세팅한 것들이기 때문입니다. 국내 레이싱에 참여하는 국내 팀들조차 국산부품은 선호하지 않습니다. 앞으로는 자동차 튜닝의 범위는 기성품 자동차에 칠을 한다거나 데커레이션 파트 또는 부분적인 성능개선 부품을 장착하는 정도를 뛰어넘어 모듈화가 잘 되어 있는 양산자동차회사의 기본 플랫폼을 사서 개인의 목적에 맞게 차대를 구성하고 자동차 외형에서부터 각종 어태치먼트 및 편의장비들을 커스텀하여 개인제작 하는 자동차의 시대도 다가올 것입니다. 이미 대량생산되고 있는 다양한 자동차 부품들과 애프터마켓의 튜닝부품들을 활용하여 자동

▼ "공도규정 따위에 얽매이지 않겠다. 트랙데이엔 서킷을 통째로 임대하고 포뮬러원 레이스팀은 이 호사스런 취미를 즐기는 차주를 위해 봉사하라. 주행 중엔 DRS 윙과 KERS를 써먹으며 달릴 테니 타이어와 서스펜션을 그에 맞게 제대로 세팅하라고! 차는 1인승으로 개조하고 문짝에 붙어 있는 저따위 둔탁한 사이드 미러는 떼버리고 운전석 바로 눈앞에 A필라에 유선형으로 다시 만들어 달도록 해. 그 밖에 자잘한 건 죄다 젤 좋은 거로 세팅해."

차를 완성하고 있는 소규모 완성차 생산업체들이 영국과 미국을 중심으로 세계적으로 900여 업체가 성업 중이고 세계적으로 수십만 명이 넘는 개인제작 자동차 유저들 그리고 만들 때마다 사실상 개별적 커스텀 메이드 자동차를 생산하고 있는 키트카 시장이 이러한 변화의 현실적인 사례들입니다. 물론 리스토레이션과 업그레이드 핫로드나 기타 여타의 커스텀 메이드 자동차 시장도 꾸준히 발달하고 있습니다.

인더스트리 5.0 시대의 자동차 디자인

로봇은 무거운 물건을 옮긴다거나, 검사, 조립 등 오랫동안 단순 반복되는 일을 하는 데 적합하고, 인간은 프로그램에서 예측하지 못한 돌발 상황에 대처하고 판단과 의사결정력이 필요한 불규칙한 작업도 할 수 있습니다. 생산 현장은 로봇과 함께 협업하는 상황에서 점차 사람의 역할은 생산 현장에서 벗어나 창의적인 설계 작업으로 넘어가고 자동화된 생산라인을 모니터를 통해 관리하게 될 것입니다. 작년 여름 거래처의 자동차 공장 생산 시스템을 분석하던 중 불현듯 이런 생각이 들었습니다.

"이런! 이대로 간다면 전기자동차로 세상이 바뀐들
현재 양산 중인 엔진 자동차 서브 어셈블리는
거의 그대로 활용하겠는걸!
관건은 자동화율과 코스트 다운뿐?"

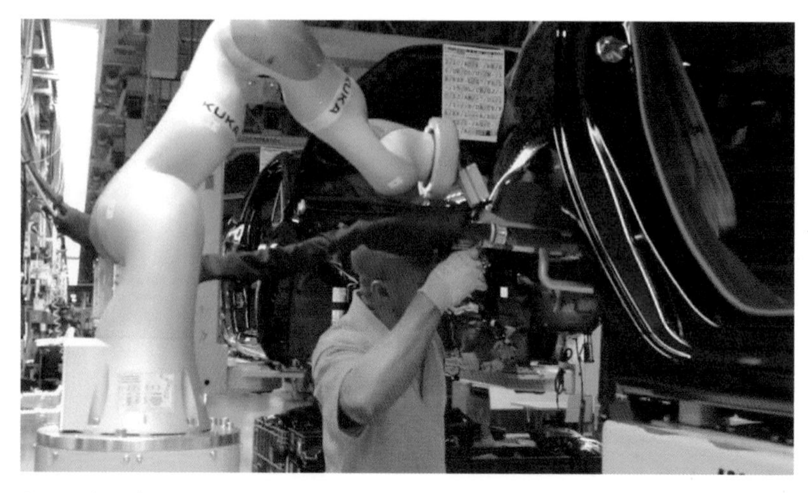

협업 로봇(Cobot) ▲ 자동차생산현장에서 인간과 함께 조립작업을 하고 있다.

자동차 조립 공정은 이미 단순해졌습니다. 외주 제작사 또는 서브 어셈블리 파트에서 미리 만들어온 모듈들, 예를 들면 프론트엔드, 프론트센터, 리어센터, 콕핏 4개의 유닛을 하나의 섀시 바디에 조립하고 의자 내장재 휠타이어, 테일램프, 도어류를 조립하여 검사 출고하는 공정으로 조립에서 검사까지 불과 6단계의 공정이면 되는 세상입니다. 앞으로 전기시대엔 조립 유닛이 이보다 더 단순해질 것입니다. 내연기관이 전자제어로 바뀐지 30년이 넘었으니 엔진은 전동모터 등으로 교체하면 되고, 트랙션 컨트롤이나 사고 안전장치들은 그대로 사용, 섀시프레임과 바디 디자인은 블록레이아웃이니 크게 문제가 되는 것도 아니니까요. 지금은 별별 다양한 상상의 모터 타입과 희안한 섀시 바디의 디자인 아이디어들이 산적하지만, 세상은 결국 그중 현실적인 것부터 차례로 반영하게 될 것입니다.

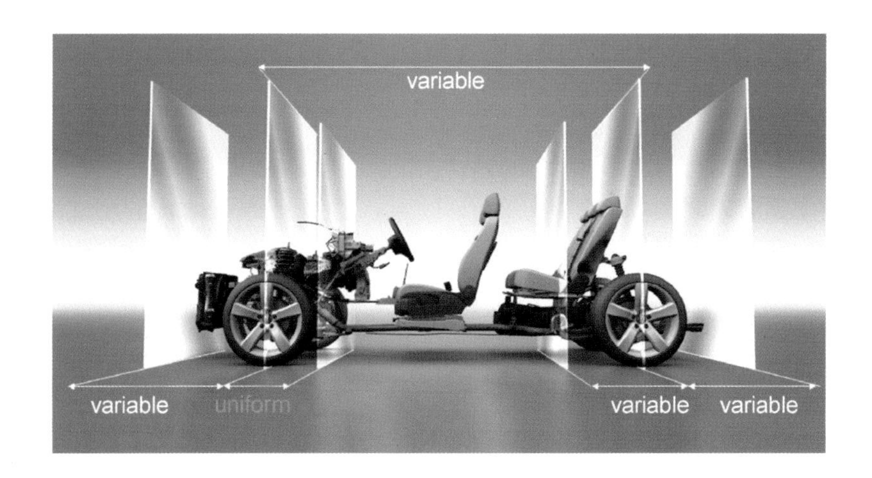

Supports compact & SUV sized cars

Space saving high voltage flat battery

Supports both RWD and AWD

BUDD-e

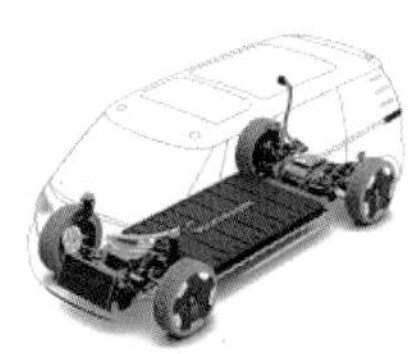

I.D. Buzz

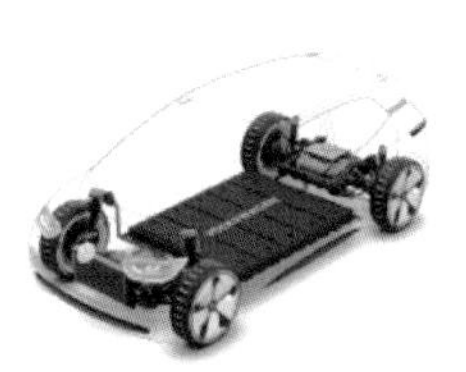

I.D. Concept

협업 로봇(cobot)은 이미 현장 도입 중이고 플랫폼의 유닛화는 꽤 많이 진전되었으며 유닛별 모델 간의 호환성 증대 또한 모든 자동차회사들이 원가 절감이라는 현실적 목표 아래 벌써 상당히 무르익었습니다. 앞으로는 다목적 프레임을 개발하여 다양한 패키지 레이아웃에 바디 형상까지 대응할 수 있는 구조물 설계가 완성될 것이고 그렇게 하면 메이커에서는 자동차 모델체인지도 훨씬 수월해질 것입니다. 그리고 다양한 취향의 애프터마켓 부품들이 등장하여, 공장에서 양산된 자동차의 모디피케이션은 더욱 용이해지겠죠. 이 모든 걸 달성하기 위해서 지금 디자이너들은 시스템 설계기술 교육이 필요하고 유저들의 자동차에 대한 이해와 세팅 기술이 고도화되어야 할 것입니다. 이런 식의 자동차 모듈화와 기본 플랫폼으로 여러 가지 모델을 개발하는 것은 사실 자동차산업의 내막을 보면 새로울 것도 없는 상식이었습니다.

예를 들면, 폭스바겐 비틀의 플랫폼 디자인은 비틀 자체부터 독일의 군용차 및 포르쉐, 폭스바겐 마이크로버스와 폭스바겐의 1호 스포츠카 까

르망기아, 미국의 해변의 놀이용차 샌드버기에 이르기까지 간단한 개조를 통해 손쉽게 공유되었습니다. 이뿐만 아니라 모든 양산승용차 제작업체들은 이미 백여 년 동안 플랫폼 몇 개를 수십 개의 차종에 두루 활용하는 게 자동차산업의 상식이었습니다. 대량생산 메이커뿐만 아니라 소규모 수제자동차 분야도 그 근본은 별반 다르지 않습니다. 차이점이라면 개인 개라지 빌더들이나 수제자동차메이커들은 서로 다른 회사의 서로 다른 자동차 부품의 호환성을 연구하고 실제에 활용해온 양산자동차메이커들보다 오히려 더 폭넓은 부품활용성이나 설계개념을 공유해온 숨은 노

켄임호프의 수제자동차와 댄 리브스의 수제 비행기

력자라고 할 수 있습니다. 물론 부품 개발비가 없어 현실적으로 선택한 방법이지만, 적어도 상식을 가진 자동차 부품이라면 차종과 모델, 연식이 달라도 서로 호환하여 자신의 유니크한 자동차에 조합하는 건 핸드메이드 자동차산업의 현실이었습니다. 그러니 이제 공개적으로 모듈화 디자인을 추구하는 미래는 자동차설계와 제작이라고 하는 것은 아이들이 레고블록으로 나름의 조형물을 만들듯 더 쉬워질 것입니다. 그리고 그러한 시스템 설계와 유닛화가 체계적으로 모듈 단위의 상품이 되고 볼트온 DIY 키트화되어 유저에게 공급되는 상품이 키트카였던 것입니다. 그리고 유저는 그저 자기 집 개라지나 주차장에서 개인 사정에 따라 몇 주 또는 몇 달 조립하면 되는 거죠.

비록 해외의 키트카를 수입해서 조립한 것에 불과했지만, 대략 이십 년 전 우리나라에도 람보르기니 쿤타치를 만든 사람이 있었습니다. 미국의 켄 임호프는 알루미늄을 나무로 만든 지그에 대고 일일이 자르고, 구부리고, 용접하여 바디를 만들고 쇠파이프를 잘라 용접하며 섀시를 직접 짜고 인테리어도 손수 만들었습니다. 엔진과 기타 부품들은 폐차장에서 나온 재활용품이나 애프터마켓의 제품을 이용했죠. 그리고 2008년 10월 그의 지하실에서 벽을 뚫고 나왔습니다. 지하실 벽을 헐고 땅을 파서 경사로를 만들어 나온 사례는 슈퍼카 말고 경비행기도 있었는데요, 최근에 댄 리브스도 그의 지하실에서 경비행기를 만들어 벽을 뚫고 나왔지요. 그는 자신의 비행기를 셀프어셈블리 DIY 키트화 하여 판매하는 사업을 개업하기도 했는데요, 제 주위에 차나 비행기를 잘 모르는 사람들은 이런 걸 그냥 웃기는 해프닝으로 여깁니다. 그래도 이러한 작품을 진지하게 받아들이는 한국 사람들이 없지만은 않다는 것으로 위안을 얻습니다. 차를 어떻게 만들든 비웃을 수는 없는 노릇입니다. 그들은 나름대로 진지하게 그들의 인생을 바친 거니까요. 우리 주위엔 자신의 장애를 극복하기 위한 교통수단으로 손수 차를 만들어 생활하던 이춘식 할아버지도 계시니까요.

이춘식 할아버지의 수제자동차

미래의 자동차산업은 온전히 대기업만의 전유물일 수는 없습니다. 그렇다고 해서 대기업의 대량생산 승용차가 없어져야 한다는 것은 아닙니다. 개인적 요구에 맞게 커스텀 제작을 하거나 기성품을 튜닝하는 게 오히려 더 활발해지는 산업구조가 된다는 걸 의미하는 것입니다. 표준화와 자동화에 따른 모듈의 대량생산, 그리고 그 표준형 부품을 활용한 새로운 조합이 발달하는 것은 자동차산업뿐만 아니라 모든 제조업에 해당하는 사항일 수도 있습니다. 많은 미래학자들이 미래에는 은행의 투자 상담사나 스포츠 심판, 조각가, 금융기관의 신용분석가 같은 직업이 사라질 수 있다고 하는데, 디자이너도 예외는 아닐 것이라는 생각이 듭니다.

본체어

▲ 컴퓨터 알고리즘으로 디자인된 사례

자동차 서스펜션 암

▲ 컴퓨터 알고리즘으로 디자인된 사례

이미 소프트웨어가 빅데이터를 분석하여 소비심리를 파악하고, 과거와 현재의 실적 데이터로 통계를 내어 미래를 예측하며, 부품설계의 데이터베이스로 새로운 조합과 형태를 시뮬레이션하는 세상입니다. 그러니까 만약 디자이너라는 직업이 현실적으로 팔릴 만한 트렌드와 인간이 호감을 느끼는 스타일링 그리고 제품설계의 시리즈와 다소간의 클라이언트의 취향 정도를 혼합하는 과정이라면 더더욱 디자인이 소프트웨어에 의해 자동화되는 건 당연한 순서 같기도 합니다. 이미 증권가의 각종 투자 신탁도 컴퓨터 프로그램이 알아서 해주는 시대입니다. 불현듯 '디자이너 종말론'보다는 '미래의 디자이너'에 대해 생각을 해봅니다.

오른쪽 사진은 십여 년 전 라르만이 디자인한 작품입니다. 그는 현재 네덜란드를 베이스로 각종 고가의 가구를 디자인하는 아티스트로 이름이 났지만, 그의 데뷔작은 이 의자였습니다. 그런데 이 의자는 그가 직접 디자인한 게 아니고, 나무뿌리나 가지가 생성되는 원리를 기반으로 알고리즘을 짜고 사람의 등판과 시트 그리고 땅바닥이라는 변수 위에 반영한 컴퓨터그래픽 알고리즘이 만들어낸 형상입니다. 컴퓨터 프로그램은 나뭇가지뿐만 아니라 동물의 뼈 조직을 흉내 내어 구조물을 짜거나 동물의 피부 조직, 신경계, 심지어 DNA유전

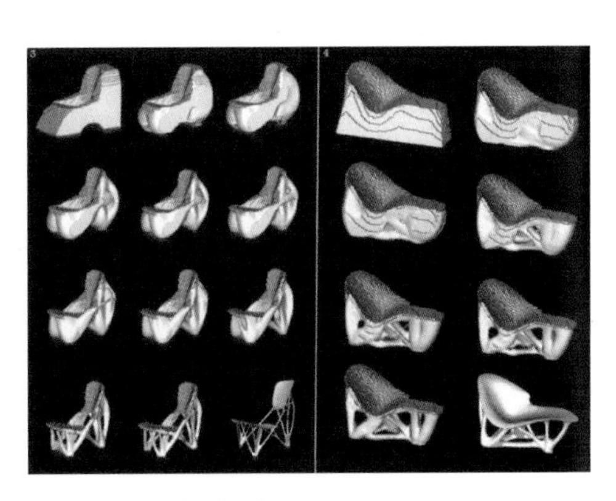

라르만의 의자조형 알고리즘

자 정보도 알고리즘 소스로 삼고 있습니다. 오늘날 인공지능 알파고는 프로 바둑기사와 바둑을 두고, 엑소브레인은 장학퀴즈에서 활개를 치고 있습니다.

Divergent Blade(2015년)

▲ 컴퓨터 알고리즘을 통해 디자인된 서스펜션 구성품들을 3D 금속 프린터로 프린트하여 알루미늄 프로파일과 카본파이버 등 다양한 복합소재 기술로 제작한 자동차 사례.

그렇다면 프로 바둑기사는 왜 인공지능 컴퓨터의 알고리즘과 대결을 했으며, 장학퀴즈 우승자들은 왜 컴퓨터와 퀴즈대결을 했을까? 궁금해집니다. 기계란 것은 인간의 일을 돕는 존재로 만들어졌고, 인간은 그러한 사물의 주인으로서 그 기계를 잘 다루면 되는 게 아니었던가요?

기계와 사람의 관계를 비약하여 비유하자면, 우사인 볼트와 티코가 여의도에서 종로까지 달리기 시합을 한다면 누가 더 빠르겠습니까? 최홍만과 1톤급 산업용 로봇이 팔씨름 대결을 하면 누가 이기겠습니까? 전자계산기와 암산 천재가 (4×4×4/5×2-3)/12×4×97×2/4/3/2/6/4×56=? 같은 계산을 300번 정도 반복한다면 누가 더 잘할까요? 알파고든 엑소브레인이든 그것은 인간의 도구이고 인간의 부분적 기능을 인간보다 더 잘하도록 개발되고 고안된 기계에 불과하지 않을까요? 사실 알파고는 전략적으로 계산된 구글의 이미지 광고였고, 엑소브레인은 EBS와 한국 정부의 전시행정에 불과했습니다. 편의점이나 마트에 가면 데크 위의 포스기계가 물건값을 사칙연산하고 할인율을 적용하거나 이벤트와 행사를 챙겨주는데, 우리는 그런 것을 신기해하거나 낯설어하지 않습니다. 이미 우리 삶에 깊숙이 들어와 버렸고 사람의 산수 능력을 도와주는 기계이기 때문에 신기할 이유가 없는 것이지요.

마찬가지로 오늘날 나름의 신기술로 인간과 컴퓨터가 바둑을 두든 퀴즈게임을 하든, 그것은 인간이 짜놓은 알고리즘대로 연산을 수행하는 If/then 함수의 연속일 뿐입니다. 단지 데이터 액세스 스피드와 CPU의 연산

속도가 빨라졌을 뿐입니다. 이런 현상이 반증하는 것은 인간은 이제 그러한 단순 업무에서 벗어나 좀 더 인간적이고 의미 있는 일을 할 수 있는 시대가 됐다는 것입니다. 우리는 더 이상 구시대의 틀에 갇혀 '기계에 일자리를 빼앗겼다'는 등의 불만을 표출하며 기계와 경쟁하는 어리석은 인간이 되어서는 안 됩니다. 그보다는 기계의 주인으로서 기계를 활용하여 더 나은 삶을 만드는 창의적 아이디어를 발휘하는 역할을 해야 한다고 생각합니다. 미래의 디자이너들은 이런 점을 이해하고 미래를 준비해야 합니다. 한낱 컴퓨터 따위와 계산능력이나 다툴 때가 아닙니다.

그런데 흔히 디자이너 같은, 창의력이 필요한 직업군은 미래에도 사라지지 않는 직업으로 쉽게 말하는 미래학자들이 많습니다. 과연 정말 그럴까요? 디자이너의 머릿속에 있는 창의성이라는 게 과연 뭘까요? 기하학적이고 난해하기만 한 작업물을 창의적이라고 말할 수 있을까요? 30년 정도 디자인 실무를 겪으면서 제가 느낀 결론은,

"디자인, 이대로 가다간 소프트웨어로 대체된다."

디자인은 안 없어져도 디자이너들이 하는 일은 얼마든지 시스템이 대체할 수 있다는 얘기입니다. 대학에서 강의할 때 잠깐씩 언급하는 얘긴데요, 디자인이라는 게 소비자와 산업 사이의 빅데이터를 반영해 트렌드에 맞춰 선이나 긋고 칠이나 하는 일이라면, 사람의 마음도 공학적으로 계산하는 요즘 디자인을 대신하는 프로그램 짜는 건 시간문제입니다. 디자인

소프트웨어로 디자인된 자전거나 오토바이는 이미 보편화 되고 있고, 건축이나 선박디자인 또한 의존도가 높아지고 있습니다. 자동차 디자인도 어떤 타입의 실루엣인지에 따라 실루엣의 윤곽선 함수가 계산되고, 그것을 소프트웨어에 반영하면 소프트웨어가 직접 스타일링을 구현하고 가상 설계부터 조립생산 과정을 시뮬레이션해볼 수도 있게 될 것입니다. 그것을 CAD/CAM에 반영해 자동화 생산라인을 만들고 무인배달 시스템이 팔면 끝! 너무 쉬워 보이지요? 이미 세상의 잠재의식은 암암리에 디자이너가 하는 일을 컴퓨터그래픽 소프트웨어의 오퍼레이터 정도로 보고 있습니다. 경영기획이 내린 지시대로 그림을 그리고 모양을 만드는 일이지요. 컴퓨터 프로그램의 표현과 분석 기능이 디자이너들의 렌더링 솜씨를 일찌감치 뛰어넘었으니까요.

1933년 수학자 버크호프의 '아름다움의 측정에 관한 연구'가 발표된 후, 그의 아름다움을 수학적으로 계산하는 논리는 85년이 흐른 오늘날에도 여전히 관심받고 있습니다. 조금 애매하더라도 수학이 될 수 있는 컴퓨터의 연산방식을 통해 아름다움을 바탕으로 한 조형의 실제적 형상을 소프트웨어가 창조하고 있으며, 일부는 이미 성과를 보이고 있습니다. 디자인의 사이버 오르가닉 시대는 이미 문을 열 준비가 되어 있습니다. 물론 아직도 거의 모든 자동차 스타일링은 그런 사이버 오르가닉 한 계산적 산물은 아닙니다. 아직은 인간의 감성으로 스케치하고 모델러의 손끝에서 마무리되어 데커레이션 아티스트들이 재료를 고르고 색상을 적용하고 있지요. 그래서 오히려 컴퓨터의 계산에 의한 에누리 없는 기하학적 형상보다 더 친근하긴 합니다. 물론 에어로 다이내믹 풍동실험도 컴퓨터 시뮬레이터보다 재래식으로 풍동 실험실에서 연기 피워가며 바람을 눈으로 보면서 분석하고도 있습니다. 당연히 CAD나 CAE도 사용합니다. 금형도 찍어야 하고 부품설계도 해야 하는데 그런 건 CG 모델링 데이터 없이는 안 되는 세상이니까요. 그래도 디자인 조형원리의 논리가 밝혀지고 있는 오늘날, 유명 디자이너들의 각각의 조형패턴을 파악하여 컴퓨터를 통한 조형분석 시스템에 데이터를 넣고 그것을 통해 새로운 형태를 조합하는 실험은 진행 중입니다. 기구설계에서는 계산이 뻔한 기하학적 형태에 관한 결과물은 이미 3D 프린터를 통해 생산도 하고 있습니다. 기술이 조금 더 발달하여 CNC가 개인화되고, 3D 프린터가 재료의 한계를 극복하게 되면 갖가지 제품 재생산에 관한 복합기술이 동시다발적으로 활용될 것입니다. 그렇게 되면 타성에 젖어 원형에 대한 리비전 시리즈나 반복 생산하는 디자이너들부터 컴퓨터 프로그램으로 대체될지도 모릅니다. 인간이 제 갈 길을 찾는 능력을 상실한 미래에 대한 이러한 경고도 이미 오래전부터 나오고 있는 말들입니다. 그리고 인더스트리 4.0은 이미 30여 년 전에 독일과 일본의 산업이 자동화의 한계 속에서 지능화 단계로 넘어갈 때부터 최근까지 화두에 올랐던 기술 이념에 불과한 것입니다. 최근까지는 산업의 신기술이 인터넷과 정보화 기술로 '스마트하게 보이는'데 까지는 성공했죠. 우리나라에선 이제야 그것을 '스마트 팩토리'라 부르며 새 시대라도 열린 것처럼 도입하고 있습니다. 그런데, 안타깝게도 우리는 그것을 원가 절감용으로만 받아들입니다. 생산과 관리의 모든 걸 중앙 통제하는 원톱 시스템을 만들어 노동자 300명을 1명으로 줄이는 것을 인더스트리 4.0의 혁명이라 오해하고 있는 것입니다. 현장에 가지 않고도 네트워크를 이용해 생산 관리와 문제를 처리하는 것을 사물인터넷의 위력이라도 되는 것처럼 산업과 IoT의 혁신사례로 떠벌리기도 합니다. 산업화가 이렇게 발달하는 동안 현대 수학은 이미 사람의 마음도 계산하고 있습니다. 곧 수학자들이나 프로그래머들이 디자인의 조형을 계산으로 풀어버리는 건 시간문제지요. 디자인이 시대와 유행에 편승하여 주어진 재료와 설계스펙을 벗어나지 못하는 공식적인 반복루틴만을 달린다면 미래의 디자이너들도 회계사들이나 스포츠 심판들과 함께 사라질지도 모릅니다. 수십 년 전부터 유행하던 말 융합, 복합, 통섭, 창의 등의 말들엔 한 가지 공통점이 있었습니다.

"근본을 모르면 바보 된다."

인더스트리 5.0 시대에 미래의 디자인은 과거 르네상스 시대의 미술이 자연과 인간에게 회기 했듯, 산업과 인간의 부조화를 청산하고 자연과 인간에게 회귀하는 산업의 르네상스가 되어야 할 것입니다. 인류의 산업혁명 300년이 흐른 이제야 겨우 산업의 본질을 되찾으려는 이 시점에서 디자이너는 인간을 이해하고 삶의 본질을 바로 보는 통찰력을 바탕으로 미래를 그려줘야 합니다.

하늘을 나는 자동차에 매료되어 여덟 살 때부터 60년 동안 스카이카를 연구하고, 아직도 항간의 관심만 끄는 사람이 있습니다. LP나 고작해야 카세트 플레이어를 돌리던 30년 전에는 MP3 오디오와 같은 디지털 녹음 및 음향 재생장치를 만들어 사업을 일으키려다 시대를 너무 앞선 탓에 실패 한 사람도 있었고, 70년 전엔 자신의 여자친구 집 뒤뜰에서 백야드 빌더로 출발한 스포츠카 메이커 창업자도 있었습니다. 유사인물로는 페루치오 람보르기니, 엔초 페라리, 페르디난트 포르쉐, 크리스티앙 본 코니그젝, 트레보 윌킨슨, 테드 말로우, 캐롤 쉘비 등이 있습니다. 도전과 성공 그리고 실패의 사례는 수도 없이 많습니다. 스티븐 호킹이나 아인슈타인은 인류 과학 문명발전에 이바지했을지 모르나, 공상과학에 더 가깝다는 아쉬움을 남기고 있습니다. 반면에 우리가 오늘날 즐기고 또는 동경하고 있는 스포츠카는 공상이 아닌 실체로 우리 곁에 존재합니다. 물론 돈이 없으면 쉽게 얻을 수 없다는 현실적인 면도 있지만, 그런 상황쯤은 저가형 키트카들이나 레플리카들이 극복해주고 있습니다. 일부 창업자의 창업이념 중에는 희귀성에 더욱 무게를 두어 동경의 대상 자체로 남기는, 세상과 타협하지 않는 정신도 있습니다.

학문을 통해 지식을 쌓지만 정작 그런 것을 왜 공부하는지조차 모른 채, 명석한 두뇌만 과시하며 공식을 외우고 시험문제나 푸는 훈련만 한다면 인류에게 찬란한 미래는 없습니다.

자동차의 제작 방법이나 유통과정은 지금과는 조금씩 달라질 것입니다. 이미 진행 중인 시장 트렌드에 따라 세분화되는 마켓세그먼트에 의해 개인이나 소규모 집단의 취향을 반영하는 커스텀 모델도 다양해질 것이며, 자동차 조립의 모듈화와 상호 간의 호환성을 높여 다양한 자동차의 레이아웃이 쉬워질 것입니다. 그러면 자연스럽게 자동차부품 구성 코디네이터도 필요해질 것이고, 자동차의 내/외관 스타일리스트들과 설계자들에게 다양한 플랫폼을 제공하는 산업이 활황을 맞이할 것입니다. 미래의 자동차산업에서 대기업이 생산하는 완성차들도 물론 여전히 대량생산 자동차로서 모델 당 수십만 대 이상 거래되겠지만, 양산자동차에 의한 획일화 현상은 한계가 있으므로 커스텀 빌더들에게 자동차 제작 유닛을 제공하는 반제품 산업이 지금보다 활발해질 것입니다. 전기자동차의 시대가 되면 더 빠르게 가속될 수도 있겠군요. 그리하여 양산자동차의 튜닝 시장과 맞춤제작 커스텀카 시장이 확대되어 중소기업과 대기업의 역할분담을 통해 균형 있게 발전하는 미래가 그려지게 되겠지요.

2000년대를 기점으로 자동차회사들은 과거를 빛냈던 명차들의 레트로스펙티브한 프로젝트를 여럿 진행하여 다양한 리바이벌 버전 자동차들이 등장했었습니다. 그리고 미래학자들은 이제 2030년대를 주목하고 있습니다. 전쟁 중 자동차산업에 센세이션을 주도했던 생산기술인 모노코크 섀시 양산공장에 버금가는 또 다른 혁신이 2030년 즈음하여 다시 나타날 것입니다. 지나온 반세기 동안 한국 자동차산업의 눈부신 발전(주로 양적 팽창)도 현대자동차를 비롯한 몇몇 대기업이 아니라 전국 구석구석에 산재해 있는, 열악한 환경에서도 다양한 부품을 생산하는 하청업체들이 있었기에 가능했음을 잊어서는 안 됩니다.